O instinto
matemático

Keith Devlin

O instinto matemático

Tradução de
MICHELLE DYSMAN

Revisão técnica de
MAURÍCIO VILCHES

5ª edição

EDITORA RECORD
RIO DE JANEIRO • SÃO PAULO

2014

CIP-Brasil. Catalogação-na-fonte
Sindicato Nacional dos Editores de Livros, RJ.

D512i   Devlin, Keith J.
5ª ed.   O instinto matemático / Keith Devlin; [tradução Michelle Dysman]. – 5ª ed. – Rio de Janeiro: Record, 2014.

         Tradução de: The math instinct
         ISBN 978-85-01-07459-1

         1. Matemática. 2. Matemática – Filosofia. I. Título.

08-2924   CDD – 510
                    CDU – 51

Título original em inglês:
THE MATH INSTINCT

Copyright © 2005 by Keith Devlin

Todos os direitos reservados. Proibida a reprodução, armazenamento ou transmissão de partes deste livro através de quaisquer meios, sem prévia autorização por escrito. Proibida a venda desta edição em Portugal e resto da Europa.

Direitos exclusivos de publicação em língua portuguesa para o Brasil adquiridos pela
EDITORA RECORD LTDA.
Rua Argentina, 171 – Rio de Janeiro, RJ – 20921-380 – Tel.: 2585-2000 que se reserva a propriedade literária desta tradução

Impresso no Brasil

ISBN 978-85-01-07459-1

Seja um leitor preferencial Record.
Cadastre-se e receba informações sobre nossos lançamentos e nossas promoções.

EDITORA AFILIADA

Atendimento e venda direta ao leitor:
mdireto@record.com.br ou (21) 2585-2002.

SUMÁRIO

Agradecimentos   7

1. Da mente dos bebês   9
2. Elvis: o welsh corgi que sabe cálculo   23
3. O que é matemática?   35
4. Onde estou e para onde vou?   43
5. Arquitetos da natureza: As criaturas que dominam a matemática da construção   73
6. Artistas naturais: Animais e plantas que criam belos padrões   93
7. É só um passo à direita: A matemática do movimento   115
8. Os olhos captam: A matemática oculta da visão   129
9. Animais na aula de matemática   149
10. Na ponta da língua: Os truques matemáticos dos vendedores de rua e dos consumidores em supermercados   165
11. Todos os números grandes e pequenos   197
12. A dificuldade com a matemática sem sentido   233
13. Valendo-se do seu instinto matemático   243

Outras leituras   257
Índice   261

AGRADECIMENTOS

Grande parte do tópico sobre visão no Capítulo 8 se baseia na excelente compilação sobre o sistema visual humano feita por Steven Pinker em seu livro *How the Mind Works*. Steven gentilmente me deu permissão para usar algumas ilustrações de seu livro e me forneceu cópias de seus arquivos originais. Essas ilustrações foram feitas por Ilavenil Subbiah. Recomendo enfaticamente a obra do Dr. Pinker a qualquer pessoa que deseje aprender mais sobre visão.

As figuras 1.1, 2.1, 4.1, 4.2, 4.3, 5.3, 5.4, 6.1, 6.3, 6.4, 6.6, 7.1, 7.2, 7.3, 7.4, 8.1 e 8.8[f] foram feitas por Simon Sullivan especialmente para este livro.

A Figura 5.3 originalmente faz parte do artigo "Measuring Beelines to Food" publicado na revista *Science*, vol. 287, número 5.454, 817-818 de 4 de fevereiro de 2000 e foi reproduzida aqui por cortesia do autor, o professor Thomas Collett, do Centro Sussex para Neurociência da Universidade de Sussex, Inglaterra.

A Figura 6.2 foi publicada originalmente como a Figura 3.6 no livro *Mathematical Biology II, Spatial Models and Biomedical Applications* (Springer, Nova York, 2003) de James D. Murray, atualmente professor emérito de matemática aplicada na Universidade de Washington, em Seattle, que generosamente deu sua permissão para o uso da imagem neste livro.

As figuras 7.1, 7.2, 7.3 e 7.4 são parte do artigo "How Animals Move: An Integrative View", publicado na revista *Science*, vol. 288, número 5.463, 100-106 de 7 de abril de 2000, e foram utilizadas aqui por cortesia do autor, o professor Michael Dickinson do Departamento de Bioengenharia da Caltech, Pasadena.

As figuras 11.1 e 11.2 são uma cortesia da professora Denise Schmandt-Besserat, do Colégio de Belas-artes e do Centro de Estudos do Oriente Médio da Universidade do Texas em Austin.

* * *

Gostaria de agradecer ao meu agente, Ted Weinstein, pelo incentivo a este projeto e por seu esforço em me ajudar a colocar este livro em sua presente forma e a encontrar os editores adequados. Agradeço também a John Oakes, da Thunder's Mouth Press, que é o tal editor adequado. John quis este livro desde o momento em que soube dele e fez tudo o que pôde para vê-lo publicado.

1
Da mente dos bebês

Em 1992, uma jovem pesquisadora americana chamada Karen Wynn anunciou uma descoberta que deixou atordoados os psicólogos de crianças em todo o mundo. Wynn afirmou ter demonstrado que bebês de apenas quatro meses podiam resolver simples problemas de adição e subtração. De fato, outros pesquisadores demonstraram em seguida que os bebês podem fazer essas mesmas operações matemáticas com apenas dois dias de idade!

Como Wynn conseguiu isso? Afinal de contas, se bebês de 4 meses ainda não podem falar, como é que poderíamos descobrir se eles sabem que 1 + 1 = 2, para citar um dos exemplos de cálculo que Wynn afirmou que seus jovens participantes poderiam fazer? E como Wynn conseguiu formular tal questão de forma que as crianças pudessem entender o que ela estava perguntando?

Antes que eu lhe conte como contornou esses problemas, devo deixar claro o que exatamente ela afirma ter descoberto. Primeiro, ela não defendeu que os bebês pesquisados tivessem qualquer conceito consciente de número. Como qualquer pai sabe, os números de contagem, 1, 2, 3 e assim por diante, precisam ser ensinados a crianças na primeira infância e, antes que isso possa ser feito, elas têm que aprender a utilizar o idioma, uma habilidade que ainda não está desenvolvida em um bebê de 4 meses. Na verdade, o que Wynn afirmou foi o seguinte:

1. As crianças que ela examinou identificavam a diferença entre um único objeto, um par de objetos e um conjunto de mais de 2 objetos.
2. Elas sabiam que se você pegar, digamos, 2 objetos e colocá-los juntos, o conjunto resultante terá exatamente 2 objetos, e não um ou 3.
3. Elas sabiam que se você pegar, por exemplo, 2 objetos e remover 1 deles, você ficará com 1 objeto. Não terminará com 2 objetos nem com nenhum.

Um adulto normalmente explicará tais habilidades da seguinte forma:

1. As crianças que ela examinou conheciam a diferença entre os números 1 e 2 e a diferença entre 2 e qualquer número maior.
2. Elas sabiam, por exemplo, que $1 + 1 = 2$, e que $1 + 1$ não é igual a 1 ou 3.
3. Elas sabiam que, por exemplo, $2 - 1 = 1$, e que $2 - 1$ não é igual a 0 ou 2.

Claramente, expressar esse tipo de capacidade requer uma compreensão dos números, ou pelo menos dos números 0, 1, 2, e 3. Mas a questão é que toda evidência que temos sobre o modo como o cérebro humano lida com *números* indica que nossa capacidade de manipulá-los só se desenvolve depois que aprendemos os *termos* numéricos "um", "dois", "três" e assim por diante. (Trabalhos com chimpanzés e outros primatas sugerem que o aprendizado dos símbolos numéricos "1", "2", "3" funciona igualmente bem neste aspecto. A questão é que a aquisição do *conceito de número* parece exigir que primeiro se tenha uma palavra ou símbolo para se referir a ele.)

Mais precisamente, a afirmação de Wynn trata na verdade de *numerosidade*, termo que uso para expressar *percepção de número*, ou seja, uma percepção do tamanho de um conjunto e não dos números em si. O que ela estava dizendo era que crianças recém-nascidas (bebês) têm uma percepção confiável do tamanho de pequenos conjuntos de objetos. Mas isso não diminuiu a surpresa causada pelo anúncio de Wynn. Afinal de contas, todo mundo sabe que bebês de 4 meses não são capazes de usar palavras para números. A maioria dos especialistas pressupunha que a percepção de numerosidade se desenvolvia *depois* que a criança aprendia a contar. Wynn estava afirmando que a percepção de número vinha primeiro. Isso significava que nós nascemos com tal percepção, ou pelo menos a adquirimos automaticamente em no máximo algumas semanas após o nascimento. (Como veremos a seguir, pesquisas subseqüentes mostraram que, se não nascemos com uma percepção de número, nós a adquirimos com no máximo alguns *dias* de vida.)

Eis o que Wynn fez para chegar a sua descoberta. (A propósito, a experiência de Wynn foi reproduzida muitas vezes com sucesso por diferentes psicólogos de todo o mundo, logo não há mais nenhuma dúvida sobre a precisão de seus resultados.)

O truque era fazer uso do fato de que até os bebês de 4 meses têm uma noção muito bem desenvolvida de "como as coisas são".

Se um bebê vê algo que vai contra suas expectativas, ele presta atenção enquanto tenta entender o que vê. Filmando a criança, particularmente seus olhos, à medida que é exposta a diversas cenas e depois medindo o tempo que o bebê gasta prestando atenção a cada uma, o pesquisador pode determinar o que contraria as expectativas do bebê. Por exemplo, se mostramos a um bebê uma série de pedaços de frutas em pratos e depois mostramos uma maçã suspensa em pleno ar sem meios aparentes de apoio, o bebê ficará encarando a fruta por mais tempo do que o que gastou com as frutas nos pratos.

Wynn pôs os pequenos participantes do experimento na frente de um teatrinho de bonecos e colocou a filmadora (escondida) para rodar. (Ver Figura 1.1.) O palco de bonecos estava inicialmente vazio. A mão da pesquisadora saiu de um lado e colocou um boneco

Figura 1.1. Na famosa experiência efetuada pela psicóloga Karen Wynn em 1992, são exibidas a uma criança pequena somas aritméticas corretas e incorretas efetuadas no palco de um teatrinho de bonecos. Avaliando as respostas da criança, indicadas por expressões faciais, a pesquisadora pôde testar se o bebê sabia a diferença entre a aritmética correta e a incorreta.

no palco. Depois uma tela surgiu, escondendo o boneco. A mão da pesquisadora apareceu de novo, segurando um segundo boneco que foi posto atrás da tela. Em seguida a tela foi abaixada, revelando os dois bonecos. A criança assistiu atentamente a tudo.

Wynn repetiu o procedimento várias vezes seguidas. Em algumas repetições, porém, quando a tela foi abaixada, havia só um boneco no palco. Em outras ocasiões, apareciam 3 bonecos. (A pesquisadora tinha simplesmente mexido no palco fora do campo de visão do bebê.) Sempre que ao abaixar a tela era revelado 1 ou 3 bonecos, a criança ficava olhando por mais tempo do que quando encontrava os 2 bonecos esperados. Tendo visto 2 bonecos colocados em um palco inicialmente vazio, um depois do outro, o bebê claramente esperava encontrar 2 bonecos no fim. Quando o resultado contrariava essa expectativa, o bebê ficava confuso. Em média, quando apresentada a um resultado incorreto, a criança fitava por um segundo a mais do que quando diante de um resultado correto. A experiência mostrou que o bebê "sabia" que $1 + 1 = 2$ e que as adições $1 + 1 = 1$ e $1 + 1 = 3$ estavam erradas. Experiências semelhantes mostraram que o bebê também sabia que $1 + 2 = 3$.

Wynn obteve resultados semelhantes quando modificou o procedimento e testou a compreensão do bebê sobre subtração. Por exemplo, o pequeno seria apresentado inicialmente a 2 bonecos no palco. A tela surgiria e esconderia os bonecos e a mão da pesquisadora apareceria e removeria um boneco. A tela era então abaixada e revelava nenhum, um ou 2 bonecos. Quando via 2 bonecos ou nenhum, a criança fitava mais tempo o palco — até 3 segundos a mais em alguns casos — do que quando havia exatamente um boneco. "Sabia" que $2 - 1 = 1$ e que as subtrações $2 - 1 = 0$ e $2 - 1 = 2$ estavam erradas. Também sabia que $3 - 1 = 2$ e $3 - 2 = 1$.

Os psicólogos ficaram atordoados quando Wynn anunciou os seus resultados e muitos pesquisadores céticos inventaram variantes do procedimento para determinar se as suas conclusões estavam corretas. Em particular, eles queriam ver se Wynn tinha razão ao concluir que o tempo a mais que os bebês gastavam com resultados aritmeticamente incorretos realmente se devia a uma percepção do tamanho de um conjunto, isto é, à numerosidade, e não a outra causa.

Havia a possibilidade de que não fosse o número de objetos o motivo para o intervalo de atenção diferir, mas alguma característica do arranjo físico deles. Para testar essa alternativa, Etienne Koechlin, psicólogo francês, repetiu a experiência de Wynn, mas com os bonecos colocados sobre uma plataforma giratória que rodava lentamente. O movimento constante dos bonecos no palco fazia com que a criança não pudesse formar uma imagem fixa da cena e não fosse capaz de prever o arranjo de objetos que esperava encontrar no cenário quando a tela fosse abaixada. Os resultados de Koechlin foram exatamente os mesmos de Wynn. O bebê fitou mais tempo quando diante de um resultado aritmeticamente incorreto do que na situação aritmeticamente correta. A experiência de Koechlin eliminou qualquer possibilidade de que a criança estivesse respondendo ao arranjo físico em vez de à quantidade de unidades.

Outra variação do procedimento de Wynn foi levada a cabo pelo psicólogo americano Tony Simon. Além de confirmar a conclusão original de Wynn sobre numerosidade, Simon descobriu outro aspecto fascinante do modo como as crianças novas vêem o mundo.

Ao executar a experiência, Simon às vezes mudava os objetos atrás da tela, trocando, por exemplo, 2 bonecos vermelhos por 2 azuis, ou um boneco vermelho e um azul por uma ou duas bolas amarelas. As crianças não mostravam nenhuma surpresa quando a tela era abaixada e revelava que os objetos tinham mudado de cor ou que os bonecos haviam se transformado em bolas, *desde que a aritmética estivesse correta*. Aparentemente, os bebês de 4 meses não estranham quando vêem objetos mudando de cor ou se transformando em outra coisa, mas empacam quando vêem 2 objetos se tornarem um ou vice-versa.

Em outras palavras, não apenas as crianças muito novas realmente têm uma percepção de número, como, além disso, sua expectativa quanto ao fato de que 1 número não muda parece ser mais fundamental do que a percepção de que a cor, a forma ou a aparência não devem se alterar. Em outra variação da experiência de Wynn que pretendia testar essa visão do mundo, um bebê ficava sentado na frente de uma tela, por trás da qual uma bola vermelha e um chocalho azul surgiam alternadamente. Se o bebê não visse os 2 objetos simultaneamente, ficava bastante contente ao ver apenas um dos 2 quando a tela era abaixada. Aceitava aparentemente que objetos podem mudar de aparência de uma hora para outra. Isso se verificava para bebês de até 1 ano de idade. Só quando a criança tinha 1 ano ou mais, a aparição sucessiva de dois objetos diferentes por trás da tela levava a uma expectativa de que houvesse de fato dois objetos diferentes ali.

Quero deixar claro que a percepção de número nas crianças que Wynn e outros pesquisadores que a seguiram observaram se limitava estritamente a conjuntos que envolvem 1, 2 ou 3 objetos. Por exemplo, crianças com menos de um ano de idade pareceram ser incapazes de distinguir entre 4 e 5 objetos. Mas, como mostraram as diversas experiências, para conjuntos de 3 objetos ou menos, uma criança de 4 meses tem uma percepção bastante desenvolvida de numerosidade e uma compreensão básica de adição e subtração. Quando será, exatamente, que a criança as adquire? Ou será que nasce com elas?

Uma experiência realizada pelos psicólogos americanos Sue Ellen Antell e Daniel Keating mostrou que a capacidade de observar a diferença entre 1 objeto e um conjunto de 2 objetos, ou entre 2 objetos e um conjunto de 3 objetos, já está presente em bebês poucos dias após o nascimento. Antell e Keating adotaram um procedimento experimental utilizado inicialmente por outro psicólogo americano, Prentice Starkey. Como na experiência de Karen Wynn, o procedimento de Starkey usava o intervalo de atenção visual dos bebês para observar o que os surpreendia. Os participantes eram filmados de forma que a duração do tempo que passavam encarando um determinado evento podia ser medida com precisão.

Na experiência de Antell e Keating, a um bebê de apenas alguns dias foram mostrados *slides* projetados sobre uma tela. O primeiro *slide* exibia 2 pontos, lado a lado. Na primeira vez em que a imagem apareceu, o bebê a encarou durante algum tempo. Depois perdeu interesse e seus olhos começaram a vagar. Naquele momento, o *slide* foi substituído por outro que mostrava um arranjo ligeiramente diferente de 2 pontos. A criança rapidamente deu uma nova olhada, mas logo perdeu interesse. O *slide* foi substituído de novo por um terceiro que exibia ainda dois pontos em um terceiro arranjo. Novamente a criança deu uma olhada na nova arrumação, mas de novo perdeu o interesse rapidamente.

A cada repetição do procedimento, o olhar do bebê se tornava mais e mais breve. Então, de repente, surgiu um *slide* mostrando não 2, mas 3 pontos. Imediatamente o interesse da criança foi despertado e ela encarou a imagem por um período consideravelmente mais longo (saltando de 1,9 a 2,5 segundos em uma execução da experiência). Claramente, o participante tinha percebido a mudança no número de pontos. A mesma coisa aconteceu quando a experiência inicialmente mostrava três pontos e o número era repentinamente reduzido a dois.

Repetindo o procedimento muitas vezes, com pontos organizados em padrões diferentes e exibidos em ordens diferentes, os pesquisadores eliminaram qualquer possibilidade de que a atenção dos bebês fosse capturada por alguma mudança na aparência e não a mudança no número de pontos. Assim, a prova estava ali: mesmo poucos dias depois de nascer, os bebês já têm uma noção de número.

Outra experiência, realizada pelo psicólogo francês Ranka Bijeljac, mostrou que a percepção de número em recém-nascidos não se restringe aos conjuntos que o bebê vê. Eles também podem notar a diferença entre 2 e 3 sons ouvidos em sucessão. Bijeljac usou um método diferente para medir o tempo de atenção dos pequenos participantes. Como as crianças estavam sendo testadas através de sons, fazia pouco sentido gravar suas faces e cronometrar a duração dos olhares. (Não havia nada a contemplar.) Em vez disso, Bijeljac fez uso do reflexo de sucção para monitorar o interesse dos bebês. A cada bebê foi dado um mamilo artificial para ser sugado. Ao mamilo foi conectado um dispositivo sensível à pressão que media quanto o bebê estava sugando a cada instante e enviava os dados resultantes a um computador.

Quando o interesse do bebê era despertado, ele sugava vigorosamente o mamilo. Quando seu interesse diminuía, começava a sugar menos.

O sensor de pressão também controlava um dispositivo que gerava sons gravados, palavras sem sentido de duas ou três sílabas, como "api" ou "bugalu". Uma experiência típica se dava do seguinte modo: em pouco tempo o bebê descobria que, quando chupava o mamilo, um som era produzido. Uma vez feita a descoberta, começava a chupar vigorosamente, produzindo um som atrás do outro. O aparato era ajustado de forma que todas as palavras sem significado executadas inicialmente tivessem o mesmo número de sílabas, duas ou três. Depois de um tempo, o interesse do bebê se esvaía e ele começava a chupar mais devagar. Quando o computador detectava este fato, passava a produzir palavras sem sentido com um número diferente de sílabas (de duas passava a três, ou vice-versa). Logo que isso acontecia, o bebê começava de novo a sugar vigorosamente, produzindo mais palavras com a nova sonoridade. Outra vez, depois de um período ouvindo as palavras do novo tipo, o interesse do bebê decaía e a pressão da sucção diminuía; então, novamente o computador trocava o número de sílabas, despertando mais uma vez o interesse da criança. Como a mudança de uma palavra para outra não incitava o bebê quando o número de sílabas permanecia o mesmo, e sim quando este variava, considerou-se que o neném respondia ao número de sílabas e não a outra característica dos sons.

E mais ainda. A pesquisa de Antell e Keating mostra que, quando nós tínhamos apenas quatro dias de idade, éramos capazes de distinguir entre conjuntos de 2 e 3 *objetos* que víamos. Os resultados de Bijeljac mostram que nós também podíamos distinguir entre 2 e 3 *sons* que ouvíamos. Agora que já somos adultos, possuímos aquela precoce noção de numerosidade desenvolvida em um nível mais abstrato: temos uma percepção abstrata de *duplicidade* e *triplicidade* que transcende qualquer conjunto de coisas no mundo. Por exemplo, nós reconhecemos uma semelhança entre um conjunto de 2 maçãs, 2 pontos em uma página, 2 elefantes em uma jaula, 2 batidas de um tambor e 2 aviões no céu. Esse caráter dúplice que todos esses conjuntos têm em comum é um senso altamente abstrato de número. De fato, nossa percepção abstrata de duplicidade, triplicidade etc. é o começo de matemática. Quando será que adquirimos essa compreensão mais profunda de número?

Nós certamente já possuímos as bases da percepção de duplicidade e triplicidade quando temos entre 6 e 8 meses de idade. Isso foi demonstrado por Prentice Starkey, o homem que projetou o experimento executado por Antell e Keating.

Em uma experiência engenhosa, Starkey colocou bebês com idades entre 6 e 8 meses na frente de dois projetores de *slides* situados lado a lado. Ele filmou as faces das crianças para determinar qual projetor as interessava mais a cada momento.

Os dois projetores exibiam simultaneamente imagens de um conjunto de 2 ou 3 objetos arrumados aleatoriamente. Um projetor mostrava a figura de 2 objetos, e o outro, a de 3 objetos. Às vezes era o da esquerda que exibia 2 objetos, enquanto o da direita projetava 3 e em outras ocasiões ocorria o contrário.

À medida que as 2 imagens eram exibidas, um alto-falante situado entre os dois projetores tocava uma sucessão de 2 ou 3 batidas de tambor. No início da experiência, o bebê prestava atenção a ambos os quadros. Como a figura com 3 objetos era visualmente mais complexa do que a figura com 2, constatava-se de forma pouco surpreendente que o bebê passava um pouco mais de tempo olhando aquela imagem.

Porém, depois das primeiras tentativas, quando o bebê já se acostumara ao procedimento, um padrão extraordinário de comportamento começou a se verificar. Os participantes passavam mais tempo olhando a projeção em que o número de objetos era igual ao número de toques do tambor. Quando eram tocadas duas batidas, o bebê encarava mais demoradamente a figura com 2 objetos. Quando eram tocadas 3 batidas, a criança prestava mais atenção à exibição da imagem com 3 objetos.

O que estava acontecendo? Starkey não sugeria que os pequenos participantes possuíssem uma percepção consciente de número. Provavelmente o que estava sendo observado era uma resposta neuronal automática por meio da qual a audição de 2 batidas ativava um certo padrão de atividade dos neurônios que tornava o cérebro mais receptivo a uma configuração visual que mostrasse uma quantidade de objetos igual à dos sons, 2 no caso em questão, e analogamente no caso de 3. Mas esse comportamento é seguramente um prenúncio da percepção abstrata de número que desenvolvemos quando crescemos.

Então, no fim das contas, o que temos? Muitas pessoas acham difícil, quando não impossível, dominar a matemática. No bestseller *Innumeracy* (1989),* o matemático John Allen Paulos catalogou várias situações em que pessoas normalmente consideradas inteligentes e bem-sucedidas cometem erros com números. E mesmo assim parece que nós nascemos com uma capacidade natural para a matemática. Será que nós a perdemos de alguma

---

*Hill e Wang, 1989.

maneira à medida que envelhecemos? Será que as aulas de matemática da escola conseguem de algum modo retirá-la de nós? Podemos recuperá-la? Ainda mais intrigante, se até os bebês novos têm habilidades matemáticas inatas, será que outros animais também podem lidar com matemática?

Comecei a pensar nessas perguntas e em outras semelhantes quando estava pesquisando para meu livro *O gene da matemática** (2004) e fiquei pasmo com o que descobri. Talvez o fato mais surpreendente seja que, longe de ser uma forma incomum de pensar que o homem desenvolveu e que relativamente poucos podem dominar, a matemática está em toda parte ao nosso redor, às vezes sendo praticada por criaturas que de maneira geral não acreditamos que possuam muita capacidade intelectual.

Nas páginas que se seguem, eu o guiarei pelo mesmo caminho de descobertas que percorri. Garanto que quando você terminar a leitura enxergará a matemática sob uma luz completamente nova. Começarei lhe contando sobre algumas habilidades matemáticas inatas dos animais com os quais nós temos mais familiaridade: cães e gatos. Então, depois de examinar capacidades para matemática impressionantes em várias outras criaturas, voltaremos a tratar de gente.

---

*O livro fornece respostas às perguntas: Como o cérebro do homem adquiriu a capacidade de fazer matemática? Quando isso aconteceu? Que vantagem evolutiva essa capacidade conferiu a nossa espécie?

2
Elvis: o welsh corgi que sabe cálculo

"Há algo estranho no modo como Elvis corre para buscar a bola", Tim Pennings pensou consigo mesmo um dia no ano de 2001. Pennings, da cidade de Holland, no Michigan, tinha levado seu cão Elvis, da raça welsh corgi, até o lago Michigan para brincar de pegar a bola, como costumava fazer várias vezes por semana.

Às vezes Tim lançava a bola pela praia e observava o traçado que o cão deixava na areia ao buscá-la. Outras vezes, ele lançava a bola dentro da água. Foi numa dessas que ele notou o comportamento curioso de Elvis. Se Tim arremessasse a bola diretamente para a água, Elvis corria para o lago e nadava até ela. Mas se ele lançasse a bola na água pela diagonal, inclinado em direção à praia, então, em vez de simplesmente seguir em linha reta para a bola, Elvis corria durante algum tempo ao longo da beira da água antes de mergulhar.

Milhares de donos de cachorros já devem ter visto exatamente o mesmo comportamento sem se dar conta disso. Mas Pennings é professor assistente de matemática na Hope College, no Michigan, e o comportamento de Elvis o fez lembrar de um problema de cálculo diferencial que ele freqüentemente propunha aos alunos. E não era só isso: até onde Tim podia perceber, Elvis estava obtendo a resposta certa, o que era mais do que ele costumava conseguir de muitos de seus estudantes. Ele então se perguntou: "Será que meu welsh corgi sabe usar o cálculo?"

Tim sabia que a resposta tinha que ser não, mas, ao lançar a bola em diagonal para dentro da água algumas vezes e observar o caminho que Elvis escolhia para alcançá-la, ele teve certeza de que algo muito interessante estava se passando. O que Elvis parecia estar fazendo era escolher um caminho que o levasse à bola no tempo mais curto possível. Mas o único modo que Pennings conhecia para descobrir aquele caminho era usando cálculo.

Ao perseguir uma bola atirada pela areia ou diretamente para dentro do lago, o caminho mais rápido para alcançá-la é uma linha reta até a bola. Mas com uma bola jogada diagonalmente no lago é muito mais complicado. Como um cão pode correr com muito mais velocidade do que nadar, é mais rápido primeiro correr um pouco paralelamente à beira da água e depois mergulhar e nadar o resto. Uma maneira de fazer isso seria correr até estar exatamente de frente para a bola, e depois entrar no lago fazendo um ângulo reto exato com a margem e nadar para a bola. Mas um caminho ainda mais rápido é correr pela praia apenas *parte da distância* que vai até o ponto da margem diante da bola e depois, a partir daí, nadar diagonalmente em linha reta até a bola. A pergunta essencial é: para chegar à bola o mais rápido possível, quanto exatamente Elvis deve correr pela praia antes de pular na água?

ELVIS: O WELSH CORGI QUE SABE CÁLCULO

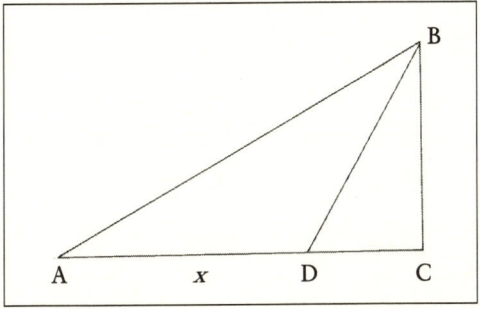

Figura 2.1. O problema de buscar a bola. O cachorro começa em A e a bola está em B. O cão deve correr pela praia de A até um ponto D e depois mergulhar na água e nadar diretamente até B. O problema consiste em determinar o comprimento da linha AD em que o tempo total necessário para alcançar B é o menor possível. Para achar a resposta você precisa conhecer os comprimentos AC e CB e as velocidades de corrida na areia e de natação do animal.

Este é um problema clássico que os professores de matemática apresentam regularmente aos alunos. A Figura 2.1 mostra como um estudante universitário de matemática deve resolver isso. A solução requer Cálculo, uma técnica matemática avançada descoberta pelos matemáticos Isaac Newton (1642-1727) e Gottfried Leibniz (1646-1716) no século XVII.

Determinado a entender o que Elvis estava fazendo, Pennings resolveu coletar alguns dados. Em sua visita seguinte à praia, ele levou a bola, uma trena, um cronômetro e seu traje de banho. Por várias vezes — num total de 35 repetições — Tim lançou a bola, disparou o cronômetro, correu pela praia atrás de seu cachorro, deixou um marcador no ponto onde Elvis tinha mergulhado, registrou o tempo que Elvis levara para alcançar aquele ponto, e depois o seguiu dentro da água, enquanto esticava a trena atrás de si. Embora Tim houvesse saído atrás na corrida pela praia, ele é um bom nadador e pôde, na maioria das vezes, alcançar

Elvis antes que o cão chegasse à bola, conseguindo assim anotar o tempo que Elvis levava para nadar até lá. Em seguida Tim nadava de volta à praia, anotava o ponto onde chegara à areia e usava a trena para determinar os verdadeiros comprimentos AD e AC. Em média, Tim lançou a bola a 20 metros pela areia e a 10 metros na água. Todo o processo durou três horas. Tim parou quando estava exausto.

Quando chegou em casa com suas medições, algumas contas simples lhe permitiram determinar todos os dados exigidos para resolver o problema de Cálculo. Como suspeitara, Tim descobriu que, em média, Elvis entrava na água exatamente no ponto indicado pela solução. A conclusão era inevitável: *a seu próprio modo*, Elvis era capaz de resolver um problema de Cálculo de nível universitário.

Tim escreveu seus resultados e os publicou na edição de maio de 2002 de *The College Mathematics Journal*, editado pela Associação de Matemática dos Estados Unidos. O editor da revista o publicou como o artigo principal, sob o título "Cachorros sabem Cálculo?", e pôs uma fotografia de Elvis na capa — muito provavelmente foi a primeira vez que um cachorro saiu na capa de um periódico matemático.

Como Elvis fazia aquilo? Eis como Pennings explicou seus resultados:

> (...) embora ele faça escolhas boas, Elvis não sabe Cálculo. Na realidade, ele tem dificuldade para derivar até mesmo polinômios simples. Falando sério, embora ele não faça os cálculos, o comportamento de Elvis é um exemplo do modo misterioso pelo qual a natureza (ou a Natureza) freqüentemente acha ótimas solu-

ções... (Pode ser uma conseqüência da seleção natural que dá uma vantagem pequena, porém relevante, àqueles animais que exibem melhor capacidade de avaliação.)

Em outras palavras, diz Pennings, a matemática por trás do comportamento extraordinário de Elvis foi calculada pela natureza. Pelo processo de evolução através de seleção natural, os cães desenvolveram a capacidade de fazer por instinto — talvez aprimorado pela experiência — exatamente o que é necessário para alcançar a bola no tempo mais curto possível. Nesse sentido, Elvis é capaz de resolver aquele problema de Cálculo em particular.

Na realidade, o repertório matemático do cachorro é mais extenso do que isso. Se Pennings tivesse olhado mais atentamente o modo como Elvis correu para pegar a bola quando lançada pela praia teria notado outro comportamento enigmático. Indubitavelmente Elvis não correria em linha reta — caminho que o levaria à bola mais rapidamente — mas seguiria um arco. Ignorado por Pennings, em janeiro do mesmo ano o *New York Times* noticiou os resultados de outra pesquisa com cães, desta vez um estudo sobre o caminho que um cachorro percorreria ao correr atrás de um Frisbee.* De acordo com o artigo, o cachorro corre em um arco que termina no lugar onde o disco estará quando chegar suficientemente próximo ao chão para ser pego pelo cão. Por que o cão faz isso? Por que não corre em linha reta, tendo assim uma chance maior de alcançar o disco antes que ele bata no chão?

---

*"Fly Ball or Frisbee, Fielder and Dog Do the Same Physics", de Yudhijit Bhattacharjee, 7 de janeiro de 2003.

A pergunta se torna mais intrigante diante de estudos feitos sobre imagens de jogadores de beisebol correndo para pegar a bola. Eles também não correm em linha reta, mas em arco. O que exatamente significa isso?

A primeira coisa que observamos é que os cálculos necessários para que tenhamos simultaneamente uma previsão sobre onde o objeto voador pousará e uma indicação da direção na qual correr para encontrá-lo no momento certo são bem mais complicados do que o problema de pegar-a-bola-na-água que Elvis resolveu. Requer que o participante leve em consideração as velocidades de dois corpos: dele mesmo e do projétil. Os astronautas enfrentam um problema semelhante ao pousar uma astronave em uma plataforma espacial que se move em alta velocidade. Eles o resolvem usando computadores para executar cálculos matemáticos avançados.

Por outro lado, cachorros e jogadores parecem ter inconscientemente encontrado uma abordagem diferente que substitui os complicados cálculos necessários à previsão do ponto de aterrissagem e do caminho ideal, por outros cálculos que, embora também sejam difíceis, são naturalmente resolvidos através da visão. Como resultado da evolução, cachorros e seres humanos podem se deslocar mantendo fixo em seu campo visual um objeto móvel.

Em 1995, cientistas da Universidade do Estado do Arizona sugeriram que o motivo pelo qual os jogadores percorrem um arco quando correm para pegar uma bola é que essa trajetória faz com que pareça (para o corredor) que a bola está se movendo em uma linha reta. Na pesquisa com o cão e o disco divulgada pelo *New York Times*, os mesmos cientistas prenderam uma máquina fotográfica pequena e um transmissor à cabeça de um cachorro, em uma tentativa de capturar o que o animal estava vendo quando corria para pegar o disco arremessado. Tal como o jogador perseguindo a bola no ar, o cão também seguia um caminho que fazia com que a trajetória da bola *parecesse* reta.

Essa estratégia brilhante nos dá um exemplo drástico de como a evolução pela seleção natural pode conduzir à solução ideal de um problema. Neste caso, a solução da natureza não foi equipar o animal com um algoritmo mental completamente novo para calcular simultaneamente a trajetória de um projétil e o caminho a ser seguido para encontrá-lo no momento certo. Em vez disso, a natureza tirou proveito dos complexos mecanismos já existentes que coordenam o sistema visual e o sistema de movimento do corpo. Para levar a cabo essa estratégia, o corredor tem que percorrer um arco em vez de uma linha reta. A vantagem está em se apoiar na capacidade matemática extremamente poderosa que a natureza embutiu no modo como opera o sistema visual do animal e do jogador. (No Capítulo 8 falaremos mais da matemática inata na visão.)

E os gatos?

Se os cães são na verdade matemáticos secretos, o que podemos dizer dos gatos? Será que eles também exibem alguma capacidade extraordinária de cálculo? A relutância de gatos quanto a jogos de pegar a bola, para não falar de sua absoluta recusa em entrar na água, nos esclarece que não é possível repetir a experiência de Pennings com os bichanos. Porém, incitado pela descoberta de Pennings, fiz uma busca na literatura e encontrei uma proposta provocadora sob a forma de um livro chamado *Calculus for Cats*.* Os autores são o Dr. Jim Loats, professor de matemática no Metropolitan State College em Denver, e Kenn Amdahl, escritor profissional. Será possível que, como afirmam muitos donos de gatos, estas criaturas peludas inescrutáveis tenham uma vida secreta que a maioria das pessoas desconhece? Eis como Loats e Amdahl começam o livro:

> Há aproximadamente 4 mil anos, extraterrestres invadiram a Terra e começaram a implementar um plano diabólico para escravizar a humanidade, forçando-nos a construir seus lares, a fornecer para eles os alimentos mais caros e exóticos, a atender a todos os seus caprichos e até a seus mais triviais desejos, independente do quão inconvenientes fossem, enquanto eles relaxariam em esplendor e não fariam nada.
>
> Esses alienígenas acabaram sendo conhecidos como "gatos".
>
> A conquista se mostrou simples. Embora as criaturas não possuíssem polegar opositor, fossem inferiores em tamanho e suas capacidades discursivas fossem limitadas, tinham uma capacidade indiscutivelmente superior.
>
> Eles entendiam Cálculo.
>
> E os seres humanos, não.

Intrigado pelo título e cativado pela passagem introdutória, levei algum tempo estudando *Calculus for Cats* para informar meus leitores sobre a capacidade do gato doméstico para a matemática. Infelizmente, tenho que admitir que os leitores para quem Loats e Amdahl escreveram são quase sempre gente e não gatos.

---

*Publicado em 2001 pela Clearwater Publishing Company.

Os autores, como percebi com grande relutância, simplesmente tiveram a idéia de escrever ostensivamente um livro para gatos como um ardil para tentar persuadir estudantes universitários normalmente relutantes em dominar o cálculo. Minhas suspeitas nessa direção foram despertadas inicialmente pela semelhança entre a passagem introdutória do livro e *O guia do mochileiro das galáxias*, de Douglas Adams, clássica série de rádio posteriormente transformada em livro (publicado em 1979) no qual se revela que a Terra e a vida humana foram construídas por ratos como um plano diabólico secreto para servir aos fins dos próprios bichos. Outra pista fundamental da intenção de Loats e Amdahl era a última frase da introdução: "Mas, antes de você concluir que o cálculo está além de sua capacidade, considere isto: se os gatos podem aprendê-lo, você também pode."

Boa tentativa, rapazes. Vocês escreveram o livro de cálculo mais divertido do mundo (talvez não seja exatamente uma realização notável, considerando a concorrência...). Mas vocês escreveram para gente, e não para gatos. Na realidade, não vejo a menor evidência de que os gatos tenham qualquer habilidade matemática, fora umas poucas capacidades inatas análogas às de Elvis na brincadeira com a bola.

Uma das mais impressionantes dessas habilidades inatas dos gatos é sua surpreendente capacidade de orientação. Uma vez a cada tantos meses, algum jornal local em algum lugar da América do Norte ou da Europa conta uma história de um gato doméstico cujos donos se mudaram para uma casa nova a centenas ou milhares de quilômetros, e que na primeira oportunidade a criatura saudosa fugiu e reapareceu somente dias ou semanas depois no degrau da porta de sua velha casa. Supondo-se que tais histórias sejam verdadeiras, como é que eles fazem isso? A explicação mais plausível é que eles navegam pelo Sol, ou pelas estrelas, ou pelo campo magnético da Terra. Mas, como sabe qualquer um que já tenha acampado na selva, são necessárias algumas habilidades de trigonometria básica para navegar usando tais informações.

Um pouco mais difíceis de acreditar são as histórias sobre gatos que são negligenciados de alguma maneira e deixados para trás quando os donos se mudam, mas que em seguida conseguem achar por conta própria a nova casa. Essas histórias não me parecem plausíveis, pois não vejo como eles podem descobrir para onde seus donos foram. O olfato poderia permitir que localizassem os donos se a mudança fosse feita a pé, mas quando uma família sobe com suas coisas em um caminhão e roda ao longo de centenas de quilômetros de estrada, é difícil ver como poderia haver um cheiro a ser seguido, embora o gato pudesse correr de alguma maneira pelo asfalto da estrada com o seu focinho colado ao chão.

Um feito naturalmente matemático surpreendente que os gatos executam, entretanto, ocorre quando eles caem acidentalmente de um muro ou de uma árvore. Quase sempre conseguem se orientar na queda de forma a pousar em pé sobre as quatro patas. Um filme em câmera lenta revela que eles fazem isso manipulando a geometria do corpo rapidamente de forma que a gravidade — a única força significativa que age sobre eles — os coloque na posição vertical. O mais perto que o homem chega dessa extraordinária proeza computacional é quando os engenheiros de controle de vôo conseguem controlar um satélite que começou a tombar ou rodopiar em órbita. Este processo envolve matemática extremamente sofisticada, inclusive a solução (por computador) de um sistema de equações diferenciais parciais que envolvem uma dúzia de variáveis — um cálculo além da capacidade da maioria dos estudantes universitários de matemática.

Como Elvis, o welsh corgi de Tim Pennings, os gatos aparentemente também têm algumas habilidades matemáticas inatas.

Além disso, não parece que são capacidades que nossos queridos animais de estimação tenham desenvolvido devido à convivência conosco.

No restante deste livro, encontraremos muitos outros animais (e plantas) que foram dotados pela evolução da possibilidade de realizar uma ou duas tarefas matemáticas cruciais. Esses seres são os matemáticos da natureza e estão a nossa volta, cada um deles resolvendo diariamente o problema matemático específico que assegura sua sobrevivência. A principal lição que aprenderemos destes exemplos é que a natureza (na forma da evolução pela seleção natural) é definitivamente o melhor matemático de todos. Antes de irmos mais longe, porém, vamos nos certificar de que você entende a que os matemáticos profissionais se referem quando falam em "matemática".

3
O que é matemática?

Se você for como a maioria das pessoas, será óbvio para você o que significa fazer matemática. Ainda que seja fortemente pressionado a dar uma definição precisa de matemática, você responderá com uma idéia geral do que o tema envolve: números, aritmética, álgebra, solução de equações, geometria, problemas sobre trens que deixam estações, demonstrações de teoremas etc. Você não terá nenhuma dificuldade em dizer se é bom nisso (a resposta geralmente é "não" ou, às vezes, "não muito") ou se gosta do assunto (novamente o "não" está na maioria das respostas, embora mais pessoas respondam "sim" do que normalmente se espera).

Mas essa visão popular da matemática é extremamente empobrecida e não é muito representativa do tema da disciplina em si. Em particular, embora muitos dos exemplos que descreverei neste livro envolvam cálculos com números, você estará enganado se automaticamente pensar em matemática como algo que trata apenas de números, ou ainda como algo que trata essencialmente de números. Os números constituem apenas uma parte de um tipo particular de matemática, e na verdade não é com cálculos aritméticos que a maioria dos matemáticos gasta a maior parte do tempo. A matemática natural realizada por seres vivos de outras espécies também não se restringe a números e aritmética. A matemática trata de padrões. E é de padrões que a vida é feita.

Os números surgiram logo que nossos antepassados reconheceram que conjuntos de, por exemplo, 3 bois, 3 lanças e 3 mulheres tinham algo em comum: o caráter tríplice. O padrão em questão é de numerosidade, isto é, tamanho de um conjunto. Os números propriamente ditos são objetos inventados para descrever esses padrões: o número 1 descreve o padrão de unidade, 2 descreve a duplicidade e assim por diante.

Uma vez que você tem números, pode ver padrões entre esses números, por exemplo, 2 + 3 = 5, e assim surge a aritmética. Padrões de forma, importantes na designação de quem possui tal ou qual pedaço de terra ou na construção de edifícios, deram origem à *geometria*, uma palavra que deriva da expressão grega para "medição terrestre". Quando combina padrões de forma com padrões de número, você obtém a *trigonometria*.

No século XVII, Isaac Newton, na Inglaterra, e Gottfried Leibniz, na Alemanha, inventaram de forma independente o *cálculo diferencial e integral*, o estudo dos padrões de movimento contínuo e suas variações. Antes do cálculo, a matemática se restringia essencialmente a padrões estáticos: contagem, medição e descrição de forma. Com a introdução de técnicas para lidar com movimentos e variações, os matemáticos puderam estudar o deslocamento dos planetas e de corpos em queda livre na Terra, o funcionamento de máquinas, o fluxo de líquidos, a expansão de gases, forças físicas como o magnetismo e a eletricidade, o vôo, o crescimento das plantas e animais, a disseminação de epidemias, a flutuação dos lucros e assim por diante.

O QUE É MATEMÁTICA?

Aproximadamente na mesma época em que Newton e Leibniz estavam inventando o cálculo, os matemáticos franceses Pierre de Fermat (1601-1665) e Blaise Pascal (1623-1662) trocaram uma série de cartas nas quais desenvolveram os fundamentos da área da matemática conhecida como *teoria da probabilidade*, que estuda padrões que surgem quando você repete um evento aleatório muitas vezes, como o lançamento de moedas ou dados. (O trabalho deles era totalmente motivado pelo desejo de seus ricos protetores de melhorar o desempenho nas mesas de apostas européias.)

A atual tecnologia computacional surgiu do estudo dos padrões do pensamento lógico, a área da matemática conhecida como *lógica formal*.

Uma distinção que será importante para a compreensão deste livro é a diferença entre matemática no sentido conceitual e a notação que usamos para escrevê-la. Hoje em dia, a maioria dos livros de matemática está cheia de símbolos. Mas a notação matemática não *é* a matemática em si, assim como notação musical não *é* música. Uma página de música *representa* um trecho de melodia, mas a música em si é o que você ouve quando notas da página são cantadas ou executadas por um instrumento. O mesmo vale para a matemática: os símbolos em uma página fornecem uma *representação* da matemática. Quando lidos por alguém treinado em matemática, os símbolos na página impressa ganham vida, a matemática vive e respira na mente do leitor.

Sem seus muitos símbolos, grande parte da matemática simplesmente não existiria. O mero *reconhecimento* de conceitos abstratos e o desenvolvimento de uma linguagem adequada para descrevê-los são, na verdade, dois lados da mesma moeda. Por exemplo, o uso do numeral "7" para denotar o número sete requer que o caráter sétuplo seja reconhecido como um fato. Possuir os símbolos torna possível pensar e trabalhar com o conceito.

Esse aspecto lingüístico ou conceitual de matemática é freqüentemente negligenciado, em especial em nossa cultura moderna, com sua ênfase nos procedimentos e aspectos computacionais da matemática. Aliás, é muito comum escutarmos a reclamação de que a matemática seria muito mais fácil e mais atraente se não houvesse toda aquela notação abstrata, o que é bem semelhante a dizer que Shakespeare seria muito mais fácil de entender se fosse escrito em linguagem mais simples.

Quando você ultrapassa os símbolos, a matemática, a ciência dos padrões, transforma-se em um modo de ver o mundo, tanto o mundo físico, biológico e sociológico em que habitamos quanto o mundo interno de nossas mentes e pensamentos. Até aqui, o maior sucesso da matemática deu-se, sem dúvida, nos domínios da física. O astrônomo italiano Galileu Galilei (1564-1642) disse (parafraseando um pouquinho): "O grande livro da natureza só pode ser lido por aqueles que conhecem o idioma no qual foi escrito. E esse idioma é a matemática." Nos dias atuais, dominados por informação, comunicação e computação, dificilmente encontraremos algum aspecto de nossa vida que não seja afetado pela matemática, uma vez que os padrões abstratos constituem a essência primordial do pensamento, da comunicação, da computação, da sociedade e da própria vida.

Afinal, os animais podem mesmo fazer esse negócio?

Considerando que minhas observações descrevem a matemática *como um desenvolvimento humano consciente*, em que sentido

O QUE É MATEMÁTICA?

podemos dizer que os animais "fazem matemática"? Certamente, a atividade de papel-e-lápis que conduzimos quando resolvemos um problema é um modo de fazer matemática. Em termos gerais, é nosso jeito de fazê-la. Mas é a única maneira?

Creio que todos nós concordaríamos que quando usamos uma calculadora ou um computador para resolver um problema de matemática, ainda estamos fazendo matemática. Em muitos casos estaríamos aptos até a reconhecer que a calculadora ou o computador faz a matemática. O que diríamos então se uma criatura não-humana resolvesse um problema semelhante? Há algum motivo para negar que um welsh corgi atrás de uma bola também está fazendo matemática?

Você poderia argumentar que nem o corgi mais inteligente tem consciência de estar fazendo qualquer cálculo. Entretanto tampouco estão conscientes sua calculadora ou seu computador. Você poderia contra-argumentar: "Sim, mas a calculadora, ou o computador, foi projetada por engenheiros humanos para fazer matemática." Ao que eu replicaria: "Mas os cachorros foram projetados pela natureza para fazer (aquela) matemática."*

O engano em conceber a matemática como um empreendimento puramente humano está no fato de focalizarmos quase exclusivamente a realização consciente de processos computacionais — numéricos, algébricos, geométricos etc. — freqüentemente efetuados com a ajuda de lápis e papel ou, hoje em dia, calcula-

---

*Eu gostaria de observar que neste livro farei uso freqüente de frases como "a natureza projetou isso", "a natureza é eficiente" e outras análogas. Isso não deve de forma alguma ser entendido como uma insinuação de qualquer intenção por parte de natureza nem tampouco que a "natureza" tem qualquer tipo de identidade. Eu não faço nenhuma suposição sobre o mundo natural além de (1) coisas acontecem e (2) a seleção natural ocupa o volante das mudanças evolutivas.

dora ou computador. Esses tipos de atividades computacionais certamente fazem parte da matemática, mas, se você aceita o fato de que a matemática trata do reconhecimento e da manipulação de padrões, pensar que nela só existem os cálculos de papel-e-lápis que fazemos é o mesmo que dizer que voar é ter asas e agitá-las para cima e para baixo. Voar é deixar o chão e se mover pelo ar por longos períodos de tempo. Usar asas com penas que se agitam ou asas de metal criadas pela Boeing são apenas dois modos de executar tal atividade.

Depois que você enxergar a matemática como a ciência de padrões e compreender que fazer matemática é raciocinar sobre padrões, achará muito menos surpreendente a descoberta de que muitas criaturas vivas fazem alguma matemática. Eu lhe darei exemplos de como até mesmo as plantas fazem matemática. Se você estiver disposto a reconhecer que computadores podem fazer matemática, então não terá nenhuma razão para negar que também possuam essa mesma capacidade animais e plantas que muito claramente resolvem problemas que nós só resolveríamos pela própria matemática. Afinal, na escala da consciência, os computadores se situam lá no fundo, bem abaixo das plantas e dos animais.

É precisamente este o meu ponto de partida. Uma vez que você se distancia da visão de lápis-e-papel da matemática que todos nós obtivemos quando estudantes e pensa na atividade mais fundamental para a qual esses métodos acadêmicos fornecem *apenas um modo de execução*, você descobre que a matemática está em toda parte. Se quiser encontrar o maior matemático do mundo, não precisa viajar para as universidades de Harvard, Stanford ou Princeton. Simplesmente passeie em um jardim, dê uma caminhada pela floresta ou vá à praia. Pois a natureza acaba se revelando como o maior de todos os matemáticos. Por meio da evolução, a natureza dotou muitos animais e plantas ao nosso redor de habilidades matemáticas verdadeiramente notáveis.

É claro que você precisa ser um pouco cuidadoso. O que nós precisamos aqui não é de uma definição científica exata, mas de uma regra de bolso norteada pelo bom senso. Neste livro, quando falo de matemática, refiro-me a qualquer atividade que, se executada por um ser humano, seria considerada fazer (ou envolver) matemática. Por exemplo, o comportamento de Elvis quando buscava a bola lançada no lago se qualifica como matemático porque o único modo pelo qual nós conseguiríamos executar um feito semelhante seria usando matemática.

Se você não gosta dessa definição de matemática e não se sente bem em chamar o que Elvis faz de matemática, imagine a palavra "natural" ou "da natureza" colocada depois de "matemática" e leia o resto deste livro considerando que trata de "matemática natural" e dos "matemáticos da natureza". Qualquer que seja sua linguagem favorita, entretanto, se você tem interesse no mundo natural, acho que ficará fascinado (e talvez surpreso) com a primeira parte deste livro, em que trataremos de várias criaturas que habitualmente realizam proezas de matemática natural. Mas a história não termina por aí. Na realidade, é aí que surgem as perguntas realmente intrigantes.

Em primeiro lugar, se muitas outras criaturas podem fazer matemática natural, certamente nós também o podemos. Que habilidades matemáticas naturais temos nós? Já vimos que os bebês têm alguma habilidade aritmética. Que outros problemas de matemática resolvemos o tempo todo, suavemente, sem esforço e inconscientemente, sem utilizar nenhum conhecimento, e como nós os resolvemos? Será que nossos antepassados possuíam habilidades matemáticas que perdemos à medida que nossos cérebros adquiriram a possibilidade de fazer as coisas de outro modo?*

Em segundo lugar, qual é a diferença entre nossas habilidades matemáticas naturais e aquelas que nos ensinam na escola? Se possuímos habilidades matemáticas inatas que são tão impressionantes quanto as dos outros animais, por que é tão difícil aprender matemática na escola? Por que não podemos simplesmente nos virar com essas habilidades inatas com as quais nascemos? Ou podemos? É possível melhorar o modo como ensinamos matemática dando uma olhada no modo como nós e outras criaturas vivas fazemos matemática natural? Existem partes de matemática que só um seleto grupo dentre nós pode ter esperança de dominar? Ou é só uma questão de vontade?

Um contexto no qual podemos procurar por habilidades matemáticas naturais de animais e pessoas é dado pelos métodos que as criaturas usam para se situarem. Qualquer um que tenha tentado navegar usando um mapa e uma bússola sabe que é improvável conseguir chegar aonde quer a menos que tenha algum domínio de trigonometria elementar.

Para conhecer um verdadeiro navegador profissional, começaremos a próxima fase de nossa jornada viajando às areias do deserto do norte da África, onde conheceremos um matemático notável chamado Ahmed.

---

*Eu não respondo a essa última pergunta neste livro. Nem consigo ver como essa pergunta poderia ser respondida com qualquer grau de confiabilidade, já que a escala de tempo envolvida nas mudanças evolutivas implica que nós estamos falando de capacidades mentais que teriam sido perdidas há mais de 100 mil anos e talvez mesmo muito antes disso. Mas responderei a todas as outras perguntas e deixarei que o leitor especule sobre as habilidades há muito perdidas de nossos antepassados.

4
Onde estou e para onde vou?

Ahmed, estudado em um artigo publicado em 1981 pelos pesquisadores R. Wehner e M. V. Srinivasan, vive no deserto tunisiano, no extremo norte do Saara. Ele não teve nenhuma educação formal e tudo que sabe aprendeu por experiência. Todo dia Ahmed deixa sua casa no deserto e viaja longas distâncias à procura de alimento. Em sua caça, ele primeiro segue em uma direção, depois em outra, em uma terceira... E continua dessa maneira até ser bem-sucedido, momento no qual faz algo realmente notável: em vez de seguir suas pegadas na areia — que poderiam ter sido apagadas pelo vento —, ele se vira exatamente na direção de sua casa e parte em linha reta, sem se deter até que chegue lá, aparentemente sabendo de antemão que distância andar, com uma margem de erro de apenas alguns passos.

Ahmed não pôde explicar aos pesquisadores como executava essa extraordinária façanha de navegação, nem como adquirira tal habilidade. Mas o único método conhecido para isso é o uso de uma técnica chamada cálculo de posição. Desenvolvida por marinheiros em tempos remotos, essa estratégia era chamada pelos navegadores britânicos de "cálculo por dedução". Ao usar tal método, o viajante sempre se desloca em linha reta, com grandes guinadas ocasionais, sempre mantendo registrada a direção em que está indo, bem como sua velocidade e o tempo decorrido desde a última mudança de direção ou desde a partida. De posse do conhecimento da velocidade e do tempo de viagem, o navegante consegue calcular a distância exata percorrida em qualquer segmento reto de sua jornada. E conhecendo o ponto de partida e a direção precisa do deslocamento, é possível calcular a posição exata ao fim de cada segmento.

O cálculo de posição requer o uso preciso de aritmética e trigonometria, de métodos confiáveis para medir velocidade, tempo e direção, e de bom armazenamento de informações. Quando os homens do mar se orientavam por cálculo de posição, usavam cartas náuticas, tabelas, vários instrumentos de medição e uma quantidade considerável de matemática. (A principal motivação para o desenvolvimento de relógios precisos surgiu da necessidade dos marinheiros que utilizavam esse método para navegar por vastas regiões oceânicas.) Até a criação da navegação pelo Sistema de Posicionamento Global (GPS) em meados da década 1970, marinheiros e pilotos de aeronaves usaram o cálculo de posição para se guiar pelo globo, e durante os anos 1960 e 1970 os astronautas da Nasa no projeto Apollo também utilizaram essa técnica para encontrar seu rumo no caminho de ida e volta à Lua.

Contudo Ahmed não conta com nenhum dos instrumentos que auxiliaram os marinheiros e astronautas. Como ele consegue se virar? Claramente, esse tunisiano é, de fato, um indivíduo peculiar. Isso porque Ahmed tem pouco mais que meio centímetro de comprimento. Ele não é uma pessoa, mas uma formiga — uma formiga do deserto tunisiano, para ser mais exato. Todo dia, essa minúscula criatura vaga pelas areias do deserto por uma distância que pode chegar a 50 metros, até topar com um inseto morto, quando, então, ela lhe arranca um pedaço, a mordidas, e o carrega diretamente para seu ninho, um buraco com não mais que 1 milímetro de diâmetro. Como ela navega?

Várias espécies de formiga se guiam até seus destinos, seguindo odores e pistas químicas deixadas por elas mesmas ou por outros membros da colônia. Mas esse não é o caso da formiga do deserto tunisiano. Observações feitas por Wehner e Srinivasan, os pesquisadores mencionados anteriormente, deixaram pouca margem de dúvida quanto a isso. O único modo pelo qual Ahmed pode realizar essa façanha diária é pelo uso do cálculo de posição.

Wehner e Srinivasan descobriram que, se deslocassem uma dessas formigas do deserto imediatamente depois de ter encontrado seu alimento, ela se voltaria exatamente para a direção que deveria tomar para encontrar seu ninho caso não tivesse sido deslocada e, além do mais, após cobrir a distância precisa que a levaria para casa, a formiga pararia e começaria uma busca confusa e desnorteada por seu ninho. Em outras palavras, ela conhece precisamente a direção que deve seguir para o retorno e sabe exatamente o quanto andar, ainda que esse caminho em linha reta não tenha nada a ver com o ziguezague aparentemente aleatório que ela fez em sua busca por comida.

Um estudo recente* mostrou que a formiga do deserto mede distâncias contando passos. Ela "sabe" qual é o comprimento de

---

*S. Wohlgemuth, B. Ronacher e R. Wehner, "Odometry in Desert Ants: Coping with the Third Dimension". *Journal of Experimental Biology*, no prelo.

um único passo, e assim pode calcular a distância percorrida em qualquer linha reta multiplicando tal comprimento pelo número total de passos.

É claro que ninguém está sugerindo que essa criatura minúscula esteja executando multiplicações do modo como um ser humano faria, ou que ela encontre seu rumo seguindo exatamente os mesmos processos mentais que, por exemplo, Neil Armstrong usou a caminho da Lua na *Apollo II*. Como todos os navegadores humanos, os astronautas da *Apollo* tiveram que ir à escola para aprender a operar os equipamentos e a fazer os cálculos necessários. A formiga do deserto tunisiano simplesmente faz o que lhe é natural — segue seus instintos, que resultam de centenas de milhares de anos de evolução.

Em termos da atual tecnologia computacional, a evolução proporcionou a Ahmed um cérebro que equivale a um computador muito sofisticado e específico, afiado ao longo de muitas gerações para efetuar com precisão as medições e as contas necessárias para que se guie pelo cálculo de posição. Ahmed não precisa *pensar* em quaisquer dessas tarefas, assim como nós também não temos que pensar em medições e cálculos exigidos no controle de nossos músculos a fim de correr ou saltar. De fato, no caso de Ahmed, sequer está claro que ele apresente algum tipo de atividade que nós normalmente chamaríamos de atividade mental consciente.

Mas só porque algo é feito naturalmente ou sem percepção consciente não significa que seja fácil. Afinal, após quase 50 anos de intensa pesquisa em ciência computacional e engenharia, ainda não conseguimos produzir um robô que possa caminhar tão bem quanto uma criança apenas alguns dias depois de dar seus primeiros e hesitantes passinhos. Ao contrário, o que mostram todas as pesquisas é o grau de complexidade da matemática e da engenharia envolvidas nessa façanha. Se poucos adultos chegam a dominar nesse nível a matemática efetuada conscientemente — que dirá uma criança que corre com perfeito controle corporal para o corredor de guloseimas do supermercado. Na verdade, a capacidade para fazer os cálculos envolvidos numa caminhada está como que embutida no cérebro humano.

O mesmo vale para a formiga do deserto tunisiano. Seu minúsculo cérebro deve ter um repertório muito limitado. Ela pode muito bem ser incapaz de aprender qualquer coisa nova ou de refletir conscientemente sobre sua própria existência. Mas uma coisa ela consegue fazer extremamente bem — na verdade muito melhor do que um cérebro humano, sem nenhum auxílio, até onde sabemos: executar o cálculo matemático que nós chamamos de cálculo de posição. É claro que tal capacidade não faz da formiga do deserto um ser versado em matemática, mas essa simples computação é suficiente para assegurar sua sobrevivência. E é precisamente assim que funciona a evolução pela seleção natural.

A natureza fez algo similar com outra criatura que normalmente não consideramos inteligente: a lagosta.

Lagosta, quem vai?

Conheci pessoas que se recusam a comer carne porque para obtê-la matamos animais, mas que apesar disso têm muito prazer em comer frutos do mar. No topo da lista de preferências de alguns deles está uma deliciosa lagosta do Maine. Afinal, você consegue imaginar algo mais primitivo, algo com menor probabilidade de ter alguma sensação consciente de sua própria existência do que uma lagosta? Mas, da próxima vez que se sentar para jantar uma delas, reflita sobre uma coisa: você estará devorando um dos mais gabaritados navegadores da natureza. Pois a verdade é que a lagosta comum tem um sistema de localização geográfica só comparável, entre os seres humanos, à mais recente e mais sofisticada versão do GPS, o caríssimo sistema de navegação (que surgiu em 1974 e se tornou operacional em 1994), que depende de satélites que orbitam a Terra, dos mais precisos dispositivos de cronometragem e de uma quantidade enorme de manipulação computacional e matemática avançada.

O que os seres humanos realizam com matemática e tecnologia, a lagosta alcança sendo capaz de "ver" o campo magnético da Terra, e não apenas no sentido de descobrir onde estão os pólos magnéticos — o sistema da lagosta é muito mais sofisticado do que isso. O campo magnético da Terra varia de um lugar para outro, em direção, ângulo e intensidade. A lagosta parece conseguir usar essa variação para determinar exatamente onde está. Isso só foi descoberto há alguns anos, pelo oceanógrafo Ken Lohmann, da Universidade de Carolina do Norte, e seu aluno de doutorado Larry Boles.*

Boles passou seis anos estudando a lagosta vermelha do Caribe nas águas próximo a Florida Keys, antes de se convencer de que elas possuem essa habilidade surpreendente. Para demonstrar o fato, ele experimentou todos os tipos de ardis para confundi-las.

---

*Larry C. Boles, Kenneth J. Lohmann, "True Navigation and Magnetic Maps in Spiny Lobsters", *Nature* 421, 2 de janeiro de 2003, pp. 60-63.

Ele as removeu do oceano e colocou-as em um recipiente plástico à prova de luz, conduziu-as navegando em círculos em seu barco, levou-as até a praia e, colocando-as na traseira de sua caminhonete, aproximou delas poderosos ímãs para alterar o campo magnético, e depois disso tudo jogou-as de volta no mar em um novo local. Assim que eram libertadas, as lagostas rumavam diretamente para suas casas. Elas agiram assim até quando Boles colocou coberturas de borracha sobre seus olhos, de forma que elas não pudessem se guiar pela luz. Mas, para se certificar completamente, Boles pôs algumas lagostas em um tanque em seu laboratório e as sujeitou a um campo magnético artificial que imitava o da Terra. As lagostas rumaram exatamente na direção que deveriam seguir para chegar em casa se o campo magnético ao qual estavam sujeitas fosse de fato o da Terra.

Os pesquisadores suspeitam de que as habilidades náuticas da lagosta podem fazer uso de pequenas partículas de magnetita, um óxido de ferro, localizadas em duas massas de tecido nervoso na parte frontal do corpo da criatura.

Os segredos matemáticos da migração

Passando do mar para o céu, as aves nos trazem outro exemplo de incríveis habilidades de navegação. Todos os anos, milhões de aves migram por milhares de quilômetros indo e voltando de seus lares de inverno. Como é que elas sabem em que direção voar? Existem várias respostas possíveis, mas a maioria delas parece exigir cálculos matemáticos que quase todas as pessoas considerariam um verdadeiro desafio. Como resolvem esse problema?

Reformulando a pergunta, por que o piloto de um Boeing 747 precisa de um monte de mapas, computadores, radares, balizas de rádio e sinais de navegação por satélite GPS, tudo isso dependendo fortemente de doses enormes de matemática sofisticada, para fazer algo que uma ave consegue com facilidade: voar de um ponto A a um ponto B?

Só para dar uma idéia das distâncias que podem estar envolvidas: andorinhas-do-mar-árticas voam trajetos anuais de ida e volta que podem chegar a mais de 35 mil quilômetros, seguindo do Ártico até a Antártida. Na viagem para o Sul, elas fazem uma escala regular na baía de Fundy, seguem com um vôo cansativo de três dias ininterruptos sobre as águas indistinguíveis do Atlântico Norte e encontram seu rumo ao longo de toda a costa oeste da África. Elas retornam por uma rota diferente, subindo pela costa leste da América do Sul e da América do Norte. Outras aves marinhas também fazem viagens incrivelmente longas: o rabo-de-junco-preto voa de 8 a 15 mil quilômetros em cada direção; tanto o grou do Canadá quanto o grou americano são capazes de migrar por até 4.000 quilômetros por ano; e a andorinha-de-bando voa mais de 9.000 quilômetros anualmente.

Algumas dessas aves viajantes também são capazes de voar alto. O ganso-do-índico já foi visto cruzando o Himalaia a quase 9.000 metros de altitude. Outras espécies encontradas acima de 6.000 metros incluem o cisne-bravo, o fuselo e o pato selvagem. A partir de estudos por radar, cientistas concluíram que, assim como pilotos de linhas aéreas de longo curso que ajustam a altitude de vôo para evitar fortes ventos contrários ou para aproveitar correntes de ar favoráveis, as aves também mudam de altitude buscando as melhores condições de vento. Para evitar a luta contra ventos frontais, a maioria das aves voa baixo, onde cumes, árvores e edifícios reduzem o vento. Para planar em uma corrente de ar, elas sobem para onde o vento é o mais rápido possível.

Como elas encontram o caminho? Os cientistas ainda têm um longo caminho pela frente antes de entender completamente como as aves se orientam, mas as evidências disponíveis sugerem que elas usam uma combinação de vários métodos diferentes.

Primeiro, as aves podem usar pistas visuais. Muitos animais aprendem a reconhecer o ambiente em que vivem para encontrar seus caminhos. Eles lembram da forma dos cumes das montanhas, do litoral e de outras características topográficas em sua rota, como por onde passam os rios e córregos ou quaisquer objetos proeminentes que apontem para seu destino. As aves podem usar esse método para localizar o ninho, mas parece pouco provável que ele seja suficiente para vôos de longas distâncias. E claramente não serve de orientação em vastas extensões da água ou para o vôo noturno, ambos praticados a cada ano por muitas espécies de aves.

Outros métodos dependem da determinação da direção do Pólo Norte. Os seres humanos fazem isso usando uma bússola ou pela posição do Sol no céu. Mas, como qualquer marinheiro ou montanhista sabe, conhecer a direção norte é somente uma parte de tudo que é necessário para a navegação. Você também precisa saber em que direção deve viajar em relação ao norte. Para isso, o homem utiliza, além da bússola ou do Sol, um mapa e um bocado de aritmética, geometria e trigonometria.

Como as aves o conseguem? Vamos começar com o problema da orientação: como as aves sabem qual é a direção norte? Uma possibilidade para estabelecer as direções consiste em usar a posição do Sol no céu. No caso de muitas aves — e outras criaturas, como as abelhas — já se sabe que esse é o método empregado. Mas isso não é tão simples quanto pode parecer à primeira vista, já que o Sol muda de posição no céu ao longo do dia e o próprio padrão dessas mudanças diárias varia com as estações do ano. Para usar o Sol a fim de determinar a direção norte, você precisa saber qual é a localização dele no céu a cada hora do dia exatamente na época do ano em que a jornada ocorre. Para um navegador humano, essa simples tarefa exige o domínio de trigonometria, além da matemática necessária para traçar o curso a partir da posição do Sol no céu.

Um problema evidente na hipótese do uso do Sol para orientação das aves consiste em descobrir como agem à noite. E também durante o dia, se estiver muito nublado. Uma vez que muitas aves voam sob tais condições, a orientação pelo sol obviamente não deve ser o único método usado. Uma possibilidade para viagens noturnas é a capacidade de perceber a polarização da luz da Lua. Embora essa luz seja consideravelmente mais fraca do que a solar, com um aparato de detecção adequado, é uma possibilidade viável. Uma criatura que nós sabemos que sem dúvida faz uso desse método de orientação é o escaravelho rola-bosta. Em um artigo na revista *Nature* em 2003,* um grupo de pesquisadores da Suécia e da África do Sul explicou como esses besouros usam a luz polarizada da Lua para a orientação ao viajar durante a noite. Com um filtro polarizador colocado entre a Lua e esses besouros, os pesquisadores descobriram que as pobres

---

*Marie Dacke, Dan-Eric Nilsson, Clarke H. Scholtz, Marcus Byrne e Eric J. Warrant, "Animal Behaviour: Insect Orientation to Polarized Moonlight", *Nature* 424, 3 de julho de 2003, p. 33.

criaturas imediatamente ficam desesperadamente confusas e começam a vagar em círculos quando apenas alguns momentos antes se dirigiam determinadas e com precisão para o monte de esterco que conheciam de uma visita anterior. Mas é claro que a navegação pela luz da Lua só é possível em noites de céu aberto.

Outra maneira de se orientar, que funciona de noite tão bem quanto de dia, esteja o tempo nublado ou aberto, é fazer uso do campo magnético da Terra. Isso, é claro, é exatamente o que nós fazemos quando utilizamos uma bússola magnética. Algumas aves usam um método similar para se guiar. Por exemplo, dentro do crânio de um pombo-correio há um pequeno agrupamento de partículas magnéticas, que serve à ave como uma minúscula bússola em sua cabeça. Prendendo ímãs pequenos à cabeça de pássaros cobaias, pesquisadores mostraram que os pombos-correio se orientam por meio do campo magnético da Terra. Os ímãs alteraram o campo magnético em torno das aves e fizeram com que elas voassem fora do curso. (Posto de forma simples, com um ímã preso à cabeça a ave achava que qualquer direção em que voasse era o norte.)

A navegação pelas estrelas nos dá outro meio de orientação noturna. Este método foi utilizado por marinheiros em épocas passadas. Sabe-se que pelo menos uma espécie de ave, o azulão, certamente utiliza as estrelas para se orientar, e acredita-se que na verdade todas as aves o fazem. Aparentemente elas aprendem a reconhecer o padrão das estrelas no céu noturno enquanto ainda são filhotes no ninho. Alguns anos atrás, um estudo mostrou que filhotes de azulão no Hemisfério Norte observam como as estrelas rodam no céu noturno em torno da estrela Polar, a estrela que indica o pólo para aqueles que vivem naquele hemisfério. Os cientistas especularam que conseguir identificar a estrela Polar no céu deve ajudar as aves a identificar o norte. Para testar tal hipótese, eles exibiram para as aves um padrão normal de céu dentro de um planetário. Elas voaram em uma direção, coerente com a capacidade de identificar o movimento das estrelas. Quando os pesquisadores modificaram o arranjo de forma que Betelgeuse passasse a ser a estrela ao redor da qual as outras se deslocam, as aves voaram em uma direção coerente, considerando Betelgeuse como estrela Polar. Então as aves não iam para onde deveriam em relação à estrela Polar. Isso significa que não estavam usando a localização de agrupamentos estelares específicos; estavam observando em torno de qual estrela as outras giram. Isto é, o que contava não eram as constelações, mas seu movimento. Para aquelas aves, "norte" é onde existe uma estrela ao redor da qual todas as outras giram.

Na realidade, as aves parecem fazer uso de sua capacidade de localizar as estrelas a fim de resolver um problema que surge na orientação através do campo magnético da Terra: a calibração de suas bússolas internas. O norte magnético está a 1.600 quilômetros do Pólo Norte e isso significa que migrantes que deixassem o norte do Alasca e seguissem para o sul magnético estariam viajando para o oeste! As aves precisam calibrar constantemente suas bússolas magnéticas à medida que viajam por longas distâncias. Uma maneira pela qual elas o fazem consiste na comparação, realizada em suas paradas para descanso ao longo da rota migratória, entre as indicações de sua bússola interna e suas observações relativas à orientação pelas estrelas. (Se não tiverem tempo suficiente para completar a calibração em uma parada, elas acabam se perdendo.)

Outra técnica de calibração foi descoberta em 2004, quando uma equipe de pesquisadores mostrou que alguns tordos verificam sua situação a cada entardecer, comparando com a direção do sol poente.* Para comprovar essa teoria, os pesquisadores amarraram pequenos transmissores de rádio às aves de forma que pudessem acompanhar o vôo e, no fim da tarde, quando o Sol estava se pondo, sujeitaram as aves a um campo magnético diferente do campo normal terrestre suficientemente forte para anulá-lo. Na manhã seguinte, as aves tomaram a direção errada — rumaram para onde deveriam ir se o campo imposto tivesse sido realmente o terrestre. Na noite que se seguiu, os pássaros conseguiram fazer a calibração sem interferência, e na outra manhã eles retomaram sua jornada no curso correto.

Qualquer que seja o método usado por viajantes de longas distâncias como as aves migratórias, a simples tarefa de calibrar a bússola interna é delicada o suficiente para desafiar um universitário que estuda matemática.

No que diz respeito a esse assunto, observar as estrelas também tem suas complicações: a configuração das estrelas no céu vai mudando à medida que as aves viajam para o norte ou para o sul, com novas constelações aparecendo constantemente no horizonte. A adaptação a essas mudanças é outra coisa que os seres humanos só podem fazer com precisão por meio da matemática.

Outra possibilidade para a navegação é que as aves consigam discernir padrões de polarização da luz solar. À medida que os

---

*William Cochran, Henrik Mouritsen e Martin Wiselski, "Migrating Songbirds Recalibrate Their Magnetic Compass Daily from Twilight Clues", *Science*, Vol. 304, 16 de abril de 2004, pp. 405-407.

raios do Sol passam por nossa atmosfera, minúsculas moléculas de ar permitem a passagem de ondas luminosas que viajam em determinadas direções, mas absorvem outras, fazendo com que a luz se torne polarizada. Podemos perceber o efeito de polarização quando olhamos para o céu na hora do pôr-do-sol. A luz polarizada forma uma imagem parecida com uma enorme gravata-borboleta localizada bem acima de nós, apontando para norte e sul. Aparentemente algumas aves conseguem captar a gradação na polarização, da luz praticamente não-polarizada na direção do Sol à luz totalmente polarizada, a 90 graus com o Sol, o que lhes serve como uma bússola gigante no céu. As abelhas também parecem usar a luz polarizada para se guiarem nos dias nublados, em que o Sol não pode ser visto. Tudo de que precisam é um pequeno pedaço de céu azul para ver os raios do Sol através dele e o efeito de polarização lhes mostra o caminho.

Contudo, qualquer que seja o método que as aves usem para se orientar, isso constitui apenas parte do problema de navegação. Para o homem, ao menos, fixar o curso certo a partir da orientação exige trigonometria. Como as aves fazem isso?

As aves não são os únicos animais que conseguem se orientar. Muitas criaturas do mar também migram por longas distâncias. Por exemplo, o salmão faz uma migração sazonal que pode levá-lo por milhares de quilômetros no mar, cujas características parecem indistinguíveis o tempo todo. Estudos mostraram que eles navegam principalmente pela posição do Sol durante o dia e pelas estrelas à noite. Quando o Sol não está presente e as estrelas estão obscurecidas por nuvens, eles usam o campo magnético da Terra. Para demonstrar esse fato, pesquisadores puseram salmões em um grande tanque ao redor do qual foram arranjados vários eletroímãs que podiam ser usados para modificar a direção do campo magnético (anulando o campo magnético natural). Quando o Sol era visível, a alteração do campo magnético, passando da orientação natural norte-sul para a artificial leste-oeste, não fazia com que o salmão mudasse de direção; eles continuavam nadando para o sul. Mas quando o céu estava nublado, a alteração do campo magnético para leste-oeste, fazia com que os peixes nadassem na direção do sul magnético artificial. Experiências semelhantes mostraram que as baleias e as tartarugas-marinhas também navegam utilizando uma combinação de observações do céu com o campo magnético da Terra.

E ainda existe o incrível espetáculo norte-americano oferecido a cada ano pela borboleta monarca. Este inseto laranja brilhante compõe uma visão familiar nos jardins em todos os Estados Unidos e no Canadá durante os meses de verão. Em seguida, a cada setembro, os 100 milhões de borboletas monarcas partem para uma viagem de dois meses e meio para seus lares de inverno, uma única área de 12 hectares de montanha com eucaliptos no estado mexicano de Michoacán, a oeste da Cidade do México. Nenhuma dessas viajantes do outono jamais esteve lá antes. Formam a terceira ou quarta geração descendente de antepassados há muito mortos que faziam a longa jornada para o norte na primavera. E mesmo assim a maioria consegue achar o caminho para seu tradicional hábitat de inverno, embora a 3.000 quilômetros de distância. Só recentemente os cientistas começaram a entender como as borboletas fazem essa proeza aparentemente milagrosa.

Sabemos que elas se orientam principalmente por meio do Sol. Também sabemos que são sensíveis à luz ultravioleta e assim não dependem de céu sem nuvens. (Monarcas que voam em pleno sol em uma área cercada param imediatamente se for aplicado um filtro que bloqueie os raios ultravioleta do Sol.) Mas orientação pelo Sol requer conhecimento de horário no decorrer do dia, então há muito que se pressupunha que elas deviam fazer uso de algum tipo de relógio interno. Isso foi finalmente demonstrado na primavera de 2003 por um grupo liderado por Steven M. Reppert, da Faculdade de Medicina da Universidade de Massachusetts.* Como a maioria das criaturas, a borboleta monarca regula suas atividades diárias por meio do que chamamos de relógio circadiano (o termo "circadiano" vem do latim *circa diem* e quer dizer "aproximadamente um dia"). Esse relógio biológico natural tende a ser bastante preciso para intervalos curtos, mas exige ajustes periódicos para lidar com variações do comprimento do dia e da noite ao longo do ano. (É a alteração brusca do relógio circadiano humano que causa os problemas de *jet lag* quando voamos entre diferentes fusos horários.)

Para testar o papel do relógio circadiano da monarca, Reppert e sua equipe colocaram um grupo dos insetos em uma câmara de laboratório onde, por uma semana inteira, elas ficavam sujeitas a um padrão de luz típico do início de setembro, 12 horas de luz diurna das 7:00 da manhã até as 7:00 da noite, seguidas por 12 horas de escuridão. Quando foram libertadas pela manhã, elas seguiram voando com o sol acima do "ombro" esquerdo, portanto na direção que teriam que tomar para ir ao México naquela época do ano. Mas outro grupo de monarcas, que passou uma semana com o período de luz diurna artificial de 1:00 da manhã

---

*Steven M. Reppert et al., *Science*, Vol. 300, 23 de maio de 2003, pp. 1303-1305.

a 1:00 da tarde, orientou-se colocando o sol matutino acima de seu "ombro" direito, a estratégia correta a ser adotada para se dirigir ao México se de fato fosse fim de tarde. Houve ainda um terceiro grupo de monarcas que foram submetidas a uma semana de luz contínua. Isso confundiu seu ciclo circadiano e, como resultado, quando foram libertadas as borboletas simplesmente voaram diretamente para o Sol.

É claro que, tanto para as monarcas como para as aves, o posicionamento do Sol em dada época do ano e hora do dia, apesar da precisão com a qual contribuem para a tarefa, resolve apenas uma parte do problema de navegação. Também para as monarcas resta a tarefa de fazer os cálculos direcionais que os seres humanos resolvem usando trigonometria. Como observou o entomologista Orley "Chip" Taylor, da Universidade do Kansas (membro do grupo de pesquisa sobre as monarcas), "navegação implica vôo dirigido a um objetivo que não é visto. Uma monarca na Geórgia voará a 270 graus [para o oeste] para chegar ao México, enquanto uma monarca no Texas com a mesma latitude voará a 220 graus [sudoeste]. Diga-me como isso é possível".

Aves, salmões, baleias, tartarugas-marinhas, borboletas monarcas, lagostas e até rola-bosta — a natureza equipou essas e outras criaturas migratórias com a capacidade de encontrar seus caminhos com precisão, freqüentemente através de milhares de quilômetros sobre a superfície da Terra. Ímãs internos, a capacidade de "ler" o campo magnético da Terra e olhos que podem detectar luz polarizada ou luz ultravioleta são somente uma parte da história. A navegação precisa também requer um cérebro que possa processar as informações de posição e orientação, e depois combiná-las com a época do ano, e um relógio interno diário a fim de fixar a direção na qual voar, andar, rastejar ou nadar a cada momento da jornada.

A formiga do deserto tunisiano, a lagosta e outras criaturas simplesmente seguem seus instintos, mas, quando tentamos entender como fazem isso, temos que recorrer à matemática. O único modo pelo qual podemos descrever os feitos de uma ave ou peixe migratório é dizendo que eles têm cérebros que evoluíram para executar os cálculos trigonométricos necessários para determinar o norte a partir da posição do Sol ou para fixar o curso com base no conhecimento da localização do Pólo Norte. Uma vez que o cérebro humano não é equipado com essas mesmas capacidades inatas (ou, se o é, não estamos cientes disso), os navegadores humanos não podem executar tais feitos do mesmo modo. Não temos nenhuma alternativa além de "usar a matemática" a fim de achar nossos caminhos pelo mundo — ou ainda, hoje em dia, fazer uso do equipamento que foi projetado e construído para fazer os cálculos por nós.

O termo "cérebro de passarinho" pode, sob circunstâncias normais, ser uma metáfora apropriada para se referir a alguém com habilidades intelectuais fracas. Mas quando se trata de navegação as aves indubitavelmente nos deixam para trás. Elas e outras criaturas migratórias se unem à formiga do deserto tunisiano como membros eméritos do clube dos matemáticos naturais. Entre os outros participantes estão duas criaturas que também usam a matemática para determinar que caminho seguir: morcegos e corujas. Mas, neste caso, elas usam a matemática para um propósito bastante diferente: matar — uma função que desempenham com a eficiência de um míssil teleguiado.

ONDE ESTOU E PARA ONDE VOU?

Batmóvel

Figura 4.1 O familiar morcego marrom, encontrado por toda a América do Norte.

O quanto você sabe sobre morcegos? Diga se cada uma das afirmações a seguir é verdadeira ou falsa.

1. Os morcegos não são aves; são os únicos mamíferos voadores da natureza.
2. Os morcegos são encontrados em todo o mundo, exceto nas regiões desérticas e polares.
3. São conhecidas mais de mil espécies de morcego.
4. As asas dos morcegos são, na verdade, mãos altamente hábeis com dedos longos que são conectados por uma fina membrana de pele.
5. O morcego pode manipular suas asas para prender um inseto.
6. O morcego pode pairar no ar, imóvel, como um colibri.
7. Os morcegos constituem um dos recursos mais eficientes da natureza para controle de insetos. O pequeno morcego marrom encontrado em toda a América do Norte pode comer até 7 mil mosquitos por noite.

8. Ao contrário do dito popular "cego feito um morcego", os morcegos têm excelente visão.
9. A famosa afirmação de que um morcego pode confundir o cabelo de uma mulher com uma presa e ficar emaranhado nele é falsa.
10. A crença de que o chamado morcego vampiro chupa sangue humano é um engano.
11. Os morcegos usam um sistema de sonar para se guiar e capturar presas durante a noite que é muito mais preciso do que qualquer coisa que os engenheiros humanos tenham produzido. A Marinha dos Estados Unidos tentou imitar esse sistema para aprimorar a tecnologia caça-minas.
12. Usando seu sistema de sonar, em uma noite escura um morcego pode fazer um vôo certeiro e caçar em pleno ar um besouro que pulou da grama.
13. Os morcegos buscam suas presas tanto em terreno aberto quanto nas árvores e na vegetação rasteira.
14. Alguns engenheiros de robótica ficaram tão impressionados com o sonar do morcego que usaram a detecção por sonar em vez de câmaras para guiar dispositivos robóticos, baseando seus projetos em estudos sobre morcegos.
15. Os morcegos estão entre os matemáticos mais impressionantes da natureza.

Todas as 15 declarações são corretas. Vou comentar brevemente algumas delas.

Primeiro, os morcegos realmente são mamíferos: eles têm dentes e um corpo coberto de pêlo; dão à luz filhotes, que alimentam com leite.

"Cego feito um morcego?" Não faz sentido. A afirmação correta é: os morcegos têm excelente visão. Eles a utilizam para navegação de longa distância durante as horas de luz do dia. Mas são criaturas essencialmente noturnas — é à noite que caçam em busca de alimento — e para voar durante a noite contam com um sistema de sonar tão milagroso que chega a ser surpreendente que tenha se desenvolvido a falsa crença de que os morcegos são cegos.

O engano contido na afirmação 9 provavelmente se deve ao fato de os morcegos eventualmente se lançarem na caça a insetos que pairam ao redor da cabeça de uma mulher, atraídos por seu perfume ou pelo odor de seu spray fixador de cabelo. Entretanto o sistema de navegação por sonar dos morcegos é tão preciso que eles podem facilmente perceber que um ser humano é grande demais para constituir uma possível refeição. Embora possam chegar bem perto, é dos insetos que eles estão atrás, e com seu sonar meticuloso é muito improvável até que toquem no cabelo de uma mulher, que dirá ficarem emaranhados nele.

A crença contida na declaração 10 é material para filmes de Hollywood, mas o que há de realidade nela? É verdade que a maioria dos morcegos é carnívora, mas as maiores presas que qualquer espécie atacaria são rãs, lagartos, aves, pequenos mamíferos e peixes. Existem também algumas espécies de morcegos vegetarianos que vivem de frutos, néctar e pólen. Enquanto a maioria dos morcegos é composta por animais bem pequenos, o maior de todos, a chamada raposa voadora, pode pesar até um quilo e ter envergadura de até 2 metros. Mas longe de serem monstros de Hollywood, comem apenas frutas, não sangue. Quanto ao infame morcego-vampiro que vive nas Américas

Central e do Sul, sim, ele realmente chupa sangue, mas é bastante pequeno e só ataca aves e pequenos mamíferos, não pessoas.

Finalmente, quanto à afirmação 13, a falsa crença de que os morcegos buscam suas presas somente em terrenos abertos provavelmente surgiu porque, sem equipamento moderno de visão noturna, é quase impossível observar morcegos em terrenos com vegetação densa. Assim, todos os estudos iniciais foram executados em descampados, onde era possível ver as silhuetas dos morcegos contra o céu enluarado. Na verdade, um morcego pode voar para dentro de um arbusto à noite para capturar sua presa, já que seu sistema de sonar é capaz de discernir o eco da presa dentre os ecos de todos os galhos e folhas do arbusto.

O sonar dos morcegos é verdadeiramente uma das maravilhas da natureza. Desde o século XVIII as pessoas especulavam que os morcegos "vêem" com suas orelhas, que realmente são bem grandes. Mas só muito mais recentemente é que se determinou precisamente o mecanismo envolvido. Os morcegos emitem sons de alta freqüência, silvos agudos ou estalos, além da faixa que o ouvido humano consegue perceber, e eles escutam os ecos à medida que o som é refletido pelos objetos. É um mecanismo muito eficiente que lhes permite se deslocar seguramente durante a noite, em geral em alta velocidade, evitando obstáculos (inclusive outros morcegos também em alta velocidade) e caçando insetos em pleno vôo.

Embora não possamos saber como é ser um morcego, possivelmente a melhor maneira de entender este sistema de ecolocalização é imaginar que os ecos criam uma imagem sonora do ambiente, análoga à imagem visual que obtemos a partir da luz que entra em nossos olhos.

Entretanto ecolocalização não equivale inteiramente à visão. Existem algumas diferenças importantes. Como contaremos no Capítulo 8, quando nós vemos, a luz de um objeto entra em nossos olhos e cria uma imagem bidimensional na retina, que nosso cérebro então interpreta como uma imagem visual tridimensional. As luzes originárias das diferentes partes do campo visual entram todas ao mesmo tempo em nossos olhos, é claro, mas diferentes raios de luz têm comprimentos de onda e intensidades variadas, que os olhos conseguem perceber para que o cérebro construa a imagem visual interna. Quando um morcego emite uma onda ultra-sônica, ela é rebatida por qualquer objeto que encontre. Quanto mais distante o objeto, mais tempo levará o eco para retornar. Desse modo, ao contrário da luz, as ondas sonoras que chegam se espalham no tempo. É em grande parte a diferença entre os tempos de chegada dos ecos que o cérebro do morcego utiliza para criar uma "imagem sonora" interna do mundo diante dele.

Uma diferença entre visão pela luz e percepção por sonar é que o olho possui uma lente que focaliza os raios luminosos que o atingem. Nossa imagem visual percebe, sobretudo, diferenças entre esquerda, direita, alto e baixo, sendo a profundidade criada no cérebro a partir de uma variedade de indícios do sinal luminoso que nos chega. A visão por sonar, ao contrário, não inclui o equivalente a uma lente e a imagem sonora diferencia principalmente perto e longe, mediante diferenças de tempo entre o retorno das ondas de som.

Os oceanógrafos usam ecolocalização para mapear o solo dos oceanos, usando um alto-falante acoplado na parte inferior do casco do navio para enviar silvos eletronicamente gerados até o fundo do mar, e contam o tempo que o retorno do eco leva em cada ponto à medida que o navio se desloca lentamente pela superfície. Equipamentos computacionais sofisticados convertem as contagens de tempo dos ecos em um mapa topográfico do leito oceânico. O software que converte os tempos dos ecos em um mapa topográfico usa matemática. A seu próprio modo, o cérebro do morcego precisa efetuar os mesmos cálculos para produzir a imagem de sonar que ele usa para se guiar e capturar a presa.

Até que ponto a ecolocalização é eficaz? Será que as afirmações nas declarações 11, 12 e 13 realmente procedem? Reconhecidamente, a tecnologia de sonar para cartografia do solo dos oceanos não é particularmente precisa. Por uma razão: o navio está constantemente se deslocando para cima e para baixo na superfície. Mas é bastante adequada para o desenho de mapas topográficos do leito oceânico. Sonares desenvolvidos para fins militares e para outros propósitos científicos, contudo, podem ser muito mais precisos. Mas não tão precisos quanto os morcegos. Cientistas estudaram morcegos em laboratório e descobriram que eles conseguem perceber e distinguir ecos coincidentes, separados por apenas 2 milionésimos de segundo. Isso permite que eles distingam entre objetos separados por apenas 3 décimos de milímetro — aproximadamente a espessura de uma linha traçada por uma caneta em uma folha de papel. Muito melhor do que nós conseguimos com a visão e de duas a três vezes mais preciso do que o melhor equipamento de sonar desenvolvido por seres humanos.

Os morcegos-de-bigode, insetívoros assim chamados por sua aparência facial (ver Figura 4.2), formam uma espécie interessante e bastante estudada. Eles pegam insetos voadores e outras

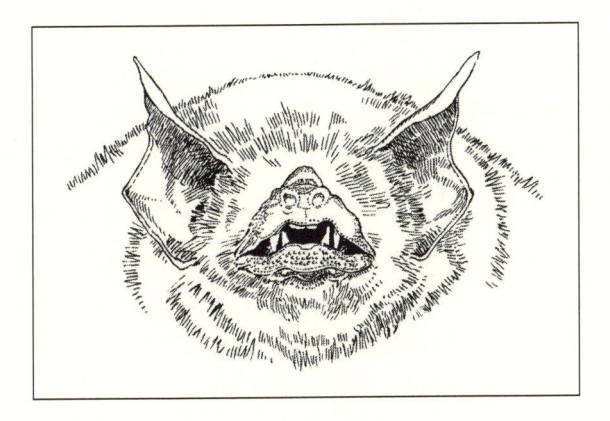

Figura 4.2. O morcego-de-bigode. Seu sistema de detecção baseado em sonar permite que ele abata sua presa com mais precisão do que o mais avançado jato de combate.

presas em movimento usando uma forma particularmente sofisticada de ecolocalização, em que o som emitido tem duas fases.

A primeira fase é composta por um som de freqüência constante, que lhes permite não apenas formar um mapa preciso do terreno, como também determinar o movimento e a velocidade de insetos ou outras presas, usando o conhecido efeito Doppler. Este efeito faz com que as ondas sonoras de um objeto que se aproxima sejam encurtadas, provocando um aumento em sua freqüência, e aquelas relativas a um objeto que se afasta são alongadas, causando uma queda da freqüência. Nós o percebemos quando um carro de polícia nos ultrapassa na rua com a sirene ligada: o tom da sirene sobe à medida que o carro se aproxima, cai quando a viatura passa por nós e em seguida vai diminuindo. Os astrônomos usam o efeito Doppler das ondas luminosas para determinar a velocidade com a qual estrelas e galáxias estão se afastando de nós.

A segunda fase do pulso emitido tem freqüência variável e permite que o morcego determine de forma muito precisa a distância de um objeto, bem como seus detalhes. Esse sistema altamente sofisticado de ecolocalização — às vezes chamado de ecolocalização CF-FM ("freqüência constante — freqüência modulada") — permite que o morcego se adapte em regiões de vegetação densa, tornando-o capaz de capturar insetos que se movimentam em meio a toda a vegetação.

Quando o morcego-de-bigode produz seu pulso CF-FM, também produz harmônicos. Uma vez que a evolução geralmente segue um propósito, é razoável supor que o morcego o faz a fim de extrair informações adicionais com estes sons. Os experimentos de laboratório mostraram que uma parte significativa do cérebro do morcego-de-bigode é dedicada ao processamento da faixa de freqüência do segundo harmônico. Como essa freqüência fornece um efeito Doppler particularmente preciso, alguns cientistas têm especulado que é exatamente por isso que os harmônicos são gerados.

Além da impressionante tecnologia natural de percepção e processamento de sinais de áudio que esses morcegos usam, eles também se metem com matemática pesada. Conforme bem sabe qualquer pessoa que já tenha visto o modo como os astrônomos chegam de uma medida de efeito Doppler a uma determinação de velocidade, essa tarefa requer matemática bastante avançada. E o efeito Doppler é somente uma parte da história.

Voando em alta velocidade durante a noite, o morcego-de-bigode consegue fazer tudo aquilo que fazem os melhores pilotos de combate, os ases indomáveis, e ainda mais. É capaz de reconhecer o terreno, escolher a presa em movimento, calcular a direção e a velocidade com a qual a presa está se deslocando, ajustar sua própria velocidade e sua trajetória de vôo, prever onde a presa estará no momento do contato e assegurar a captura. Em termos aeronáuticos, o morcego consegue discernir a topografia do terreno, distância, velocidade relativa de um alvo, escala, tamanho, características sutis, azimute e elevação. Isso o torna muito mais eficiente do que qualquer míssil teleguiado multimilionário que o exército dos Estados Unidos tenha sido capaz de desenvolver, e é mais do que páreo para qualquer piloto de combate altamente treinado em um jato de um bilhão de dólares.

Olhos para matar

Figura 4.3. A coruja. Sábia criatura ou máquina mortífera?

Falando agora de corujas: enquanto os morcegos têm fama de assustadores, as corujas são consideradas pacíficas e têm a imagem de sábias. Tudo isso é ilusão. Os grandes e penetrantes olhos da coruja encimados por aquelas sobrancelhas proeminentes podem nos dar a impressão de meditação, mas a coruja é uma máquina assassina altamente especializada com um sistema preciso de orientação que, como o do morcego, depende de um sofisticado dispositivo inato de cálculo.

A primeira coisa que você nota quando vê uma coruja são os olhos. Eles são enormes. Considere, por exemplo, as corujas jucurutus. (Esta é uma dentre 140 espécies diferentes e é encontrada por toda a América do Norte.) Se esta criatura fosse do mesmo tamanho que um ser humano, seus olhos seriam grandes como duas laranjas. Esses olhos podem captar tanta luz que a coruja é capaz de ver em condições de extrema escuridão. E ainda existe aquele olhar penetrante. Os olhos da coruja são fixos em suas órbitas — ela não pode movê-los nem de um lado para o outro, nem de cima para baixo. Em vez disso, a criatura vira toda a cabeça para fitar; seu pescoço é capaz de girar a cabeça por 270 graus — três quartos de uma circunferência completa.

A coruja usa seus olhos e suas orelhas para detectar o perigo e localizar as presas, que podem incluir coelhos, ratos, esquilos, musaranhos, doninhas, rãs, serpentes, morcegos, besouros, gafanhotos, escorpiões, patos, faisões, outras corujas e, ocasionalmente, gatos domésticos. Entretanto, uma vez que a presa é descoberta, os olhos não desempenham nenhum grande papel no que acontece a seguir. O que faz da coruja um caçador eficiente é sua audição incrível. Ao contrário do morcego, que emite sons e escuta os ecos, a coruja abate sua presa guiada pelos menores ruídos, ainda que quase imperceptíveis, de sua desafortunada vítima.

A audição da coruja é extremamente aguçada. Aquelas sobrancelhas pesadas que ajudam a dar à coruja uma aparência pensativa são na verdade parte de uma cara projetada para direcionar o som para as orelhas, mais ou menos como a estrutura parabólica de um radiotelescópio astronômico. Dê uma olhada mais de perto nas orelhas em si, e você perceberá que elas não são simetricamente colocadas na cabeça da coruja, como as orelhas humanas, mas de forma desproporcional, com a orelha direita geralmente maior (freqüentemente 50% maior que a esquerda) e localizada mais em cima do crânio. Esse arranjo faz da audição da coruja um sistema de orientação noturna terrivelmente preciso.

A coruja define a posição de sua presa pela técnica matemática conhecida como triangulação. A partir do ângulo entre as duas orelhas quando ambas estão enfocando a mesma fonte sonora, um cálculo trigonométrico determina a distância da fonte. Como veremos no Capítulo 8, nosso cérebro efetua o mesmo cálculo para determinar a distância a partir do ângulo entre nossos olhos. (Em ambos os casos, esse cálculo é natural, embutido na criatura pela evolução.) A precisão que a coruja alcança usando as orelhas desse modo é perfeitamente equiparável àquela obtida através da visão pelo mais bem treinado jogador de tênis.

A assimetria das orelhas permite que a coruja determine o movimento de sua presa. O sinal sonoro que recebe em uma orelha é como uma imagem especular daquele que chega na outra, a não ser pelo fato de que o direito é mais forte (pois esta orelha é maior) e deslocado 10 a 15 graus mais para cima. A coruja usa essa diferença entre os dois sinais recebidos para determinar o movimento da presa. A matemática necessária para efetuar esses cálculos desafiaria a maioria dos bons alunos do ensino médio. O modo como a natureza equipou a coruja para lidar com essa matemática consiste em a coruja virar a cabeça até igualar os sons que entram em ambas as orelhas, e é o ângulo dessa virada a informação necessária para manter a presa na mira.

É pouco provável que a pobre presa saiba o que a atingiu. A coruja é uma maravilha de engenharia aerodinâmica, suas penas são extremamente macias e permitem que ela voe em silêncio quase absoluto. As penas nas extremidades dianteiras das asas possuem comprimentos variados, o que faz com que o vento passe por elas sem causar ruído, de forma que não resta nem o som do ar deslocado para advertir a presa do ataque iminente.

Um dos quatro dedos do pé da coruja é reversível, permitindo que cada pé forme uma pinça para agarrar a presa quando a ataca. Uma vez que a captura tenha sido executada, a coruja engole inteiros os animais pequenos e rasga em pedaços os maiores.

Como o morcego "cego", a "sábia" coruja é uma caçadora assassina certeira, que utiliza um sofisticado sistema para se guiar que depende de matemática natural avançada para funcionar com precisão tão surpreendente. Mais uma vez nós vemos que a natureza equipou algumas criaturas com capacidades sofisticadas que lhes permitem realizar atos que nós só conseguimos reproduzir depois de muitos anos aprendendo matemática, ou então contando com tecnologia, que, por sua vez, depende de esforços matemáticos anteriores de outras pessoas.

5

Arquitetos da natureza: As criaturas que dominam a matemática da construção

Vamos deixar a navegação de lado por algum tempo e voltar nossa atenção para a construção. Qualquer um que já tenha construído uma casa ou feito obras de ampliação sabe que o primeiro passo é desenhar as plantas — projetos traçados de forma precisa que informam ao construtor o que vai para onde. Para desenhar plantas precisas para a construção de uma casa é necessário usar trigonometria básica para as medidas de comprimentos e ângulos, conhecimento também imprescindível para as fases subseqüentes do processo de construção. Sem a precisão proporcionada pela trigonometria, o resultado do projeto de uma casa pode facilmente se tornar desastroso.

Mas o homem não é a única criatura que ergue edifícios. Entre as estruturas criadas por várias criaturas, quando se trata de elegância geométrica, seguramente nada supera a bela forma do favo de mel, com figuras hexagonais sucessivamente repetidas. (Ver figura 5.1.) As abelhas criam essas grandes obras de arte arquitetônicas para armazenar o mel que fabricam.

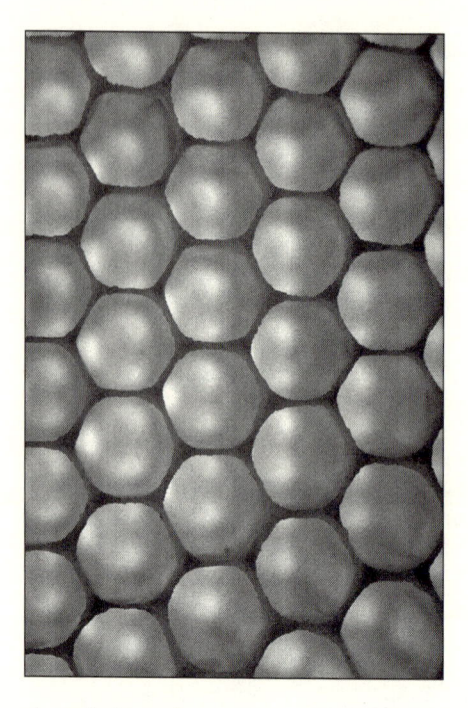

Figura 5.1. O favo de mel. A precisão com que as abelhas constroem este dispositivo de armazenamento eficiente satisfaria qualquer engenheiro civil.

Desde o geômetra grego Pappus do século IV, muitas pessoas suspeitaram de que a elegante forma hexagonal do favo de mel não era tanto um resultado da percepção inata que teriam as abelhas da beleza geométrica, mas outra manifestação da eficiência com a qual a natureza opera. Em geral acreditava-se que o padrão hexagonal repetitivo que se vê no corte transversal de um favo de mel era a opção arquitetônica que usava a menor quantidade de cera possível para construir as separações.

O próprio Pappus sugeriu essa hipótese, que ficou conhecida como a Conjectura do Favo de Mel, em um ensaio que ele chamou de "A sagacidade das abelhas". A hipótese resistiu a todas as tentativas de demonstração até 1999, quando o matemático Thomas Hales, da Universidade do Michigan, anunciou que finalmente conseguira solucionar o quebra-cabeça.

Só com o advento das técnicas de filmagem em *close* foi que os cientistas puderam ter certeza de como as abelhas constroem seus depósitos de mel. É um impressionante feito de engenharia de alta precisão. As abelhas operárias jovens produzem lascas de cera quente, cada uma aproximadamente do tamanho da cabeça de um alfinete. Outras operárias levam as lascas recém-produzidas e cuidadosamente as posicionam, formando câmaras cilíndricas verticais com seis lados (também chamadas de células). Cada pedaço de cera tem menos que 1 décimo de milímetro de espessura, com variação de no máximo 2 milésimos de milímetro. Cada uma das 6 paredes tem exatamente a mesma largura e elas se unem, formando um ângulo de precisamente 120 graus, produzindo como seção transversal aquilo que os matemáticos chamam um hexágono regular, uma das "figuras perfeitas" da geometria.

Por que as abelhas escolhem o corte transversal hexagonal? Por que elas não fazem cada célula triangular, ou quadrada, ou com outra forma qualquer? Por que os lados são retos? Afinal, a cera quente poderia igualmente ser moldada na forma de paredes curvas. Embora um favo de mel seja um objeto tridimensional, como todas as células são cilíndricas, a área total das paredes de cera depende somente da forma e do tamanho do corte transversal de cada célula. Assim, o que temos é um problema matemático de geometria plana, aquela normalmente ensinada na escola. A questão se resume a encontrar a forma bidimensional que pode ser repetida indefinidamente para cobrir uma grande área plana (para as abelhas, um favo de mel inteiro; para os matemáticos, todo um plano bidimensional), de modo que o comprimento total dos perímetros das células seja o menor possível, o que resultaria no favo de mel cuja área total das paredes seria a menor possível.

Os matemáticos estabeleceram alguns fatos com facilidade. Por exemplo, existem somente 3 tipos de polígonos regulares que podem ser postos lado a lado para cobrir um plano: triângulos eqüiláteros, quadrados e hexágonos regulares. (Um polígono regular é uma figura plana cujos lados são segmentos de reta, todos com o mesmo comprimento e cujos ângulos são todos iguais.) Qualquer outro polígono regular deixará buracos. Das três formas de preencher o plano com polígonos regulares, aquela com quadrados resulta em um perímetro total menor do que quando usamos triângulos, e com os hexágonos o resultado é ainda melhor do que com os triângulos.

Os hexágonos regulares (isto é, aqueles com lados iguais e todos os ângulos com 120 graus) dão um perímetro total menor do que os hexágonos irregulares. Esse fato já era conhecido havia séculos. Mas, se você combinar polígonos de todos os tipos ou figuras cujos lados não são linhas retas, as coisas se tornarão rapidamente muito mais complicadas. Dessa situação geral sabia-se relativamente pouco até 1943, quando o matemático húngaro L. Fejes Toth usou um argumento engenhoso para provar que o padrão com hexágonos regulares realmente dá o menor perímetro total dentre todos os padrões compostos por combinações de polígonos (com segmentos retos formando os lados). (Ver figura 5.2.)

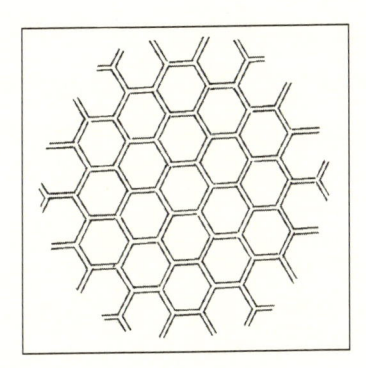

Figura 5.2 Os matemáticos provaram que a forma que usa a quantidade mínima de cera para armazenar um determinado volume de mel tem por seção transversal o padrão de hexágonos regulares repetidos.

Mas o que aconteceria se os lados pudessem ser curvos? Toth achava que o padrão com hexágonos regulares ainda seria mais eficiente do que qualquer outro, mas ele não podia provar.

Em uma única célula de um favo de mel, se uma parede se curvar para fora, você poderá armazenar mais mel naquela célula com a mesma área de parede que usava quando esta era reta. Célula por célula, paredes que se curvam para fora fornecem um modo mais de eficiente de armazenar mel. Mas quando todas as células são arrumadas lado a lado, uma parede, que se curva para fora em uma célula, curva-se para dentro na célula adjacente, resultando em menos mel armazenado nesta última. A pergunta é: pode existir todo um favo de mel de células com paredes curvas em que o aumento líquido da eficiência causado pelas saliências é maior do que a diminuição líquida causada pelas reentrâncias? Se existisse tal modelo, a Conjectura do Favo de Mel seria falsa.

Intuitivamente, as saliências deveriam compensar exatamente as reentrâncias e é por isso que Toth achava que o padrão hexagonal seria o melhor. Mas, como observaram os matemáticos que estudaram cuidadosamente o problema, as coisas não são tão simples quanto podem parecer. Não obstante, foi exatamente isto que provou Thomas Hales, de Michigan, em 1999: as protuberâncias se anulam. Hales precisou de 19 páginas de argumentação matemática complicada para escrever rigorosamente sua demonstração. Matemáticos de todo o mundo ficaram atônitos quando tomaram conhecimento do novo resultado. Isso porque as abelhas, a seu próprio modo, conheciam o teorema desde o princípio.

Agora, se você pelejou com matemática de segundo grau, deve se maravilhar com o fato de uma criatura aparentemente tão humilde como a abelha poder executar uma façanha matemática que exigiu tanto esforço de matemáticos profissionais. O que estes descobriram ser realmente difícil foi provar que o favo de mel era a forma mais eficiente. Todas as abelhas têm que construir favos de mel. Mas, de todas as arquiteturas distintas que elas podiam ter usado, o teorema de Hales mostra que a estrutura que elas desenvolvem é a mais eficiente, e assim a evolução da abelha incorporou uma demonstração natural do resultado em questão.

Contudo, deixando de lado a questão da eficiência do padrão de hexágonos repetidos, a precisão incrível com que as abelhas constroem seus favos de mel mostra que elas são geômetras e engenheiros naturais da mais alta categoria.

Como no caso da formiga do deserto tunisiano e de aves e peixes migratórios, centenas de milhares de anos de evolução produziram criaturas com instintos naturais que as tornam máquinas de construção perfeita, incluindo planejamento, computação, medição e implementação. Para ser justo, o homem pode fazer todas essas coisas — na verdade, nós podemos fazê-las com uma precisão bem maior do que a abelha. Mas não por instinto. Em vez disso, só com o uso consciente e explícito da matemática em um grau bastante sofisticado conseguimos as mesmas façanhas.

Assim, quando se trata de construção, a humilde abelha parece ser um engenheiro muito mais natural do que qualquer arquiteto ou construtor humano. Mas edificar favos de mel não é a única habilidade no repertório mental das abelhas. A natureza também as dotou de um elegante e eficaz sistema de comunicação e de um meio matematicamente sofisticado de estimar distâncias, ambos utilizados na obtenção de alimentos. Eis o que elas fazem.

As abelhas são criaturas sociais. Elas vivem em colônias grandes e repartem as tarefas cotidianas. Enquanto algumas abelhas ficam em casa e concentram-se em construir e manter a colméia e o favo de mel, outras assumem a tarefa de abastecer a colônia com alimento. Elas desenvolveram um modo altamente eficaz de realizar esta última função. Abelhas especialistas nessa tarefa saem voando à procura de uma boa fonte de alimento. Quando a encontram, voam de volta para a colméia e contam às outras onde estão localizados os víveres. Essa comunicação é feita por uma dança ritual que indica a direção exata e a distância até o alimento.*

Se a fonte de alimento fica razoavelmente perto da colméia, por exemplo, a não mais de 50 metros, quando a abelha forrageira retorna, realiza o que cientistas chamam de "dança em círculo", em que a abelha simplesmente voa em torno de uma circunfe-

---

*Este fato foi inicialmente descrito por K. von Frisch em seu livro *The Dance Language and Orientation of Bees*, Londres, Oxford University Press, 1967.

rência. Isso diz às outras abelhas que uma fonte de alimento foi encontrada, mas não dá nenhuma indicação de onde se localiza, deixando à abelha forrageira a tarefa de conduzir as outras até o local. Porém, se a fonte de alimento fica a mais de 50 metros, então, para que a abelha que a encontrou não tenha que fazer outra viagem longa, ela faz uma dança mais complicada, chamada de "dança do requebrado", que indica tanto a direção precisa quanto a distância até o alimento. (Veja figura 5.3.) Assim as outras abelhas podem localizá-lo sem a condução da abelha forrageira.

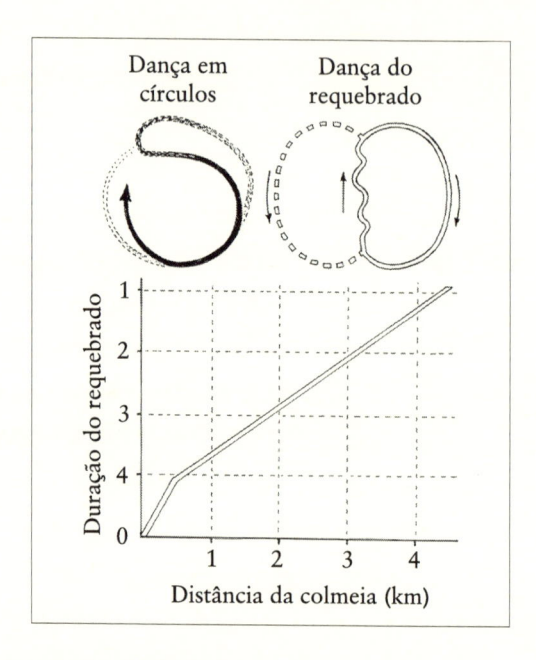

Figura 5.3 (Alto) A dança em círculo e a dança do requebrado da abelha forrageira. O ângulo do requebrado indica a direção da fonte de alimento em relação ao azimute do Sol. A duração do requebrado indica a distância até a fonte. A relação entre a duração do requebrado e a distância até o alimento é o que os matemáticos chamam de "função linear por partes". A duração da dança aumenta linearmente a uma taxa de aproximadamente 2 segundos por quilômetro para distâncias de até 0,5 quilômetro e depois disso cresce linearmente a uma taxa de cerca de 0,7 segundo por quilômetro. Ver gráfico na parte inferior da figura.

Aprendemos no capítulo anterior que as abelhas podem se orientar pela polarização da luz solar. Assim, a dança do requebrado indica em que direção voar a fim de alcançar o alimento. Mas como as abelhas determinam a distância? Certamente o fazem de algum modo, pois em experimentos nos quais os pesquisadores afastavam o alimento depois que as primeiras forrageiras o haviam encontrado, observou-se que o grupo de abelhas que vinha em seguida procurava em vão os suprimentos ao atingir o local onde estes originalmente se encontravam.

K. von Frisch, que estudou a dança das abelhas nos anos 1960, acreditava que as abelhas determinavam distâncias a partir da energia que gastavam na jornada. Ele baseou essa conclusão no fato de que, quando as abelhas forrageiras voavam contra o vento, a estimativa que obtinham da distância era maior do que na situação oposta. Mas dois estudos realizados em meados dos anos 1990 mostraram que a suposição era incorreta. As abelhas usam a visão para determinar a distância que voaram. Elas percebem a velocidade com que várias imagens cruzam suas retinas durante o vôo, um fenômeno que os cientistas chamam de fluxo ótico. O fluxo ótico indica às abelhas sua velocidade em relação ao solo ou a outros pontos de referência em seu campo visual e, assim, elas conseguem calcular a distância combinando essa estimativa de velocidade com o tempo total decorrido.

É claro que a velocidade com a qual o campo visual se desloca depende da distância em que você se situa das imagens que está vendo, como bem sabe qualquer pessoa que tenha notado a lentidão com que o solo parece se deslocar para trás quando visto de um avião a 30.000 pés, sobretudo se comparado com a velocidade com que passam as paredes de um túnel quando o atravessamos em um trem. Quanto mais distante você estiver, mais lento parecerá o movimento. Isso também vale para as abelhas. Quando voam próximo ao chão por um trecho curto, obtêm as mesmas informações sobre distância que as geradas em um vôo mais longo e mais afastado do solo.

Em um estudo realizado por H. E. Esch e J. E. Burns, da Universidade Notre Dame*, os pesquisadores treinaram um grupo de abelhas para procurar alimento partindo do alto de um edifício de 50 metros em direção a um cevador colocado no telhado de outro prédio a 230 metros. A dança do requebrado indicou uma distância de mais ou menos metade daquela sinalizada por um outro grupo de abelhas que viajara a mesma distância no nível do solo entre uma colméia e a fonte de alimento.

Outro estudo, realizado por Mandyam Srinivasan e seus colegas da Universidade Nacional da Austrália,** utilizou um método diferente para chegar à mesma conclusão. Eles treinaram abelhas para voar por vários metros dentro de um túnel bem-iluminado até encontrar uma fonte de alimentos localizada em um determinado ponto do túnel. Algumas vezes, o interior do túnel era marcado com um padrão, marcações aleatórias ou anéis perpendiculares à direção do vôo. Com tal configuração, quando a fonte de alimento era removida, as abelhas continuavam procurando exatamente onde esperavam que ele estivesse, indicando que sabiam qual era a distância que haviam percorrido ao longo do túnel. Mas quando as paredes do túnel não tinham nenhuma

---

*H. E. Esch e J. E. Burns, *Journal of Experimental Biology* 199 (1996), p. 155.
**Mandyam Srinivasan, Shaowu Zhang, Monika Altwein e Jürgen Tautz, "Honeybee Navigation: Nature and Calibration of the Odometer", *Science* 287 (2000), p. 851.

marcação, ou caso as marcas se limitassem a linhas com a mesma espessura dos anéis, mas traçadas horizontalmente ao longo do túnel acompanhando a direção do vôo (e, portanto, sem fornecer nenhuma sensação visual de movimento), as abelhas ficavam inseguras quanto à distância que haviam percorrido e continuavam voando, procurando em vão o alimento desaparecido.

As abelhas tendiam a voar no centro do túnel. Variando o diâmetro dos túneis com padrões de anéis aleatórios ou perpendiculares, as abelhas eram forçadas a voar a diferentes distâncias dos pontos de referência visual. Quanto menor o diâmetro do túnel, menos as abelhas viajariam antes de chegar ao ponto em que esperavam alcançar o alimento. Isso indicava que elas interpretavam a passagem por marcos dos quais estavam mais próximas como um vôo mais longo do que o realizado quando cruzavam pontos de referência visual dos quais estavam mais distantes, em túneis de diâmetro maior (embora na realidade viajassem com igual velocidade) — do mesmo modo como nos sentimos quando comparamos a travessia de um túnel em um trem com o vôo a grande altitude em um avião. Claramente, o consumo de energia não tem quase nenhum papel na navegação das abelhas. Sua medida de distância é quase completamente fundamentada no fluxo ótico.

Ao compararem os resultados obtidos na observação de abelhas que voaram por túneis aleatoriamente marcados e com diâmetros variados, os pesquisadores conseguiram descobrir as equações matemáticas (usando trigonometria e cálculo diferencial básico) que as abelhas devem implicitamente resolver para determinar a distância através de fluxo ótico. Resolvendo tais equações, os pesquisadores chegaram à conclusão de que, para uma abelha, voar uma distância curta por um túnel estreito marcado aleatoriamente é equivalente a voar uma distância que chega a ser 30 vezes maior quando estão sobre o solo, a céu aberto. O fato de que as condições da experiência tenham um efeito tão expressivo na distância que as abelhas percorrem mostra o impressionante grau de dependência que elas têm da matemática (de trigonometria inata e do cálculo que trazem em si) para efetuar suas estimativas de distâncias, que costumam ser muito precisas, baseando-se em fluxo ótico.

Mas agora acabamos saindo do rumo — algo que a abelha geralmente não faz. Nosso enfoque neste capítulo é a construção. Não existe nenhum animal mais renomado como construtor do que o castor com sua represa. Mas essa fama é merecida?

Quem merece o crédito pela represa do castor?

Será que um castor deveria receber o crédito por construir uma represa? Para colocar a questão de outra maneira, será que a natureza dotou essa criatura com a matemática e o conhecimento de engenharia necessários para colocar galhos, gravetos, ramos e lama de um lado a outro de um córrego de forma a bloquear a passagem da água?

Precisamos ser cuidadosos ao atribuir capacidade matemática a criaturas que realizam uma determinada atividade. A questão é: onde existe realmente matemática sendo executada e quem exatamente a está utilizando? Nos exemplos que observamos até aqui, todos os animais foram equipados com capacidades que, do ponto de vista das condições humanas, só podem ser descritas como "dependentes de matemática". Naqueles casos, a natureza, pelo mecanismo de seleção natural, produziu animais que são "equipados" para fazer determinadas computações matemáticas — ou, se preferirem, os animais executam instintivamente um processo que os seres humanos só podem realizar usando a matemática.

Mas existe outra possibilidade: poderíamos dizer que o ambiente se encarrega da matemática. Se você der um passo para fora do topo de um edifício alto, despencará em queda livre. Você diria que ao fazer isso estava resolvendo as equações de Newton para o movimento de um corpo sob força gravitacional? Certamente não. Ao cair, você não está resolvendo nenhum problema matemático. Está simplesmente obedecendo às leis da Física que Newton expressou através da matemática. A matemática, se realmente há alguma, está sendo realizada em você pelo universo.

Este parece ser o caso na situação do castor (Figura 5.4). Até onde nós podemos observar, a única habilidade para construção de represas com a qual os castores são dotados é o instinto de coletar folhagens, gravetos e lama e empilhá-los, bloqueando o fluxo

Figura 5.4 O castor e sua represa. Provavelmente, o rio merece os créditos pela represa tanto quanto o castor.

de água. É a força da própria corrente que sedimenta os dejetos, compactando-os firmemente e criando um dique. Da mesma forma, é o fluxo da água que confere à represa a forma compacta e eficiente que parece ter sido cuidadosamente planejada. É claro que você poderia dizer: "Que castor inteligente, capaz de descobrir como fazer uso do fluxo da água desse modo!" Mas não existe absolutamente nenhuma evidência de que isso aconteça. Provavelmente nós nunca saberemos o que se passa na cabeça do castor quando se ocupa deste negócio de construir diques e nem mesmo se de fato tem algum pensamento consciente. Porém, dada a natureza parcimoniosa da evolução, uma vez que a simbiose castor-correnteza resulta em um sistema eficiente de construção de diques, parece provável que o castor simplesmente siga um instinto de coletar dejetos e colocá-los no fluxo de água e, então, a represa propriamente dita resultaria da pressão da água corrente. E isso significa que a construção de um dique por um castor está mais para "solucionar" as equações de Newton do movimento saltando de um precipício do que para a execução de algo que pode, de forma razoável, ser classificado como "matemática natural".

Tecendo uma teia

As teias de aranha, por mais que pareçam altamente geométricas, estão mais para represas de castores do que para favos de mel de abelhas. Certamente, parece que deveríamos atribuir à aranha o crédito por uma considerável capacidade inata de engenharia. Mas aparentemente não há nenhum motivo para supor que a elegante geometria da teia resulte de alguma habilidade matemática natural da aranha. A forma final da teia é resultado da execução pela aranha de alguns passos muito simples. A matemática pode mostrar como esses passos simples, quando repetidos, dão origem à teia mas, também neste caso, qualquer crédito matemático deve ser atribuído à natureza, que "programou" a aranha para efetuar esses passos básicos. Vamos ver o que acontece em tal situação.

Só nos Estados Unidos existem pelo menos 2 mil espécies de aranhas, mas somente umas poucas constroem teias elaboradas. As teias se classificam em 4 tipos: teias orbiculares, teias em lençol, teias em funil e teias difusas construídas por aranhas domésticas. Em todos os casos, é a fêmea que constrói as teias. Vamos nos concentrar naquelas belas, complicadas e geometricamente precisas teias orbiculares construídas pelas conhecidas grandes aranhas de jardim pretas e amarelas. A Figura 5.5 mostra uma imagem desse tipo de teia.

Figura 5.5 A teia orbicular da aranha de jardim. A elegante forma geométrica resulta da repetição de alguns movimentos muito básicos da aranha.

Uma aranha de jardim leva de uma a três horas para construir sua teia, uma tarefa que ela normalmente realiza à noite. Seu propósito é capturar insetos para sua alimentação. Em cada uma de suas pernas traseiras, a aranha possui uma fila de cerdas curvas que usa para lançar fios de seda sobre qualquer inseto que seja pego na teia. Uma vez que a presa foi imobilizada, a aranha literalmente suga a vida — isto é, todos os fluidos do corpo da vítima. Ocasionalmente, uma criatura maior, como um filhote de rato, cometerá o grave erro de ser pego na teia, situação em que poderá ter o mesmo destino.

Embora a aranha tenha oito olhos, ela constrói sua teia quase completamente pelo tato. Na parte posterior de seu abdome localizam-se 6 apêndices em forma de pequenos dedos chamados de fiandeiras, utilizados para a produção e a manipulação da seda para fazer a teia. Cada fiandeira tem várias saídas minúsculas, que produzem tipos diferentes de seda sob forma líquida. Em algumas partes da teia, a aranha usa um único fio de seda. Para os fios estruturais principais, contudo, ela produz filamentos múltiplos, de forma muito semelhante a uma corda. A seda se solidifica assim que entra em contato com o ar, formando um fio que é mais ou menos 5 vezes mais forte do que uma fibra de aço de mesma espessura, e que ainda pode ser estirado até 30% além de seu comprimento original, sem se romper. (Os cientistas estudaram a composição química da seda da aranha — constitui-se de cadeias de aminoácidos, principalmente glicina e alanina — para tentar reproduzi-la em laboratório. O objetivo é criar um material similar para uso em cintos de segurança de automóveis, cabos de pára-quedas e assim por diante. Essa meta ainda não foi alcançada.)

Para construir sua teia, a aranha de jardim deve primeiro encontrar dois suportes verticais entre os quais a estrutura será atada. Precisa escolhê-los cuidadosamente; a primeira parte do processo de construção requer um pouco de ajuda da natureza. O complicado desafio inicial é a colocação do primeiro fio, que deve conectar os dois suportes principais. Aqui a pequena criatura precisa confiar um pouco na sorte, embora uma escolha sensata do ponto de partida possa aumentar enormemente sua probabilidade de sucesso.

A aranha escala o primeiro dos dois suportes, prende ali a ponta de um filamento múltiplo de seda e depois desce produzindo fio sem ligação com o suporte onde será fixada a extremidade mais baixa. Quando ela sente que a linha está longa o bastante, pára de tecer e simplesmente fica pendurada ali, aguardando até que uma conveniente rajada de vento balance-a de um lado para o outro até alcançar o segundo ponto de apoio. Assim que isso acontece, a aranha se agarra a ele e prende a ponta livre do fio inicial. A seda é tão fina e leve que não é necessário nada além de um delicado sopro para completar essa etapa. O que requer habilidade por parte da aranha é, primeiro, identificar os dois pontos de apoio e, depois, calcular quanto fio deve tecer de forma a alcançar o segundo ponto de fixação.

Uma vez que o primeiro fio foi colocado em seu devido lugar, a aranha pode usá-lo como ponte para cruzar de um lado para o outro. O passo seguinte é correr um segundo fio a partir do ponto central do primeiro, formando um Y, ligando o fio vertical ao solo ou a outro suporte apropriado.

Com o Y montado, a aranha constrói ramificações radiais partindo do ponto central. Este é um processo bastante complicado, pois a aranha tece de uma só vez uma estrutura de filamentos fixados a vários pontos de suporte.

Em seguida, a aranha se posiciona no ponto médio da estrutura em forma de estrela que acabou de criar e começa a espiralar para fora, tecendo um longo fio contínuo, que fixa a cada braço da estrela à medida que os cruza. Essa primeira espiral é uma estrutura temporária, para manter a teia no lugar durante a fase mais elaborada da construção que vem em seguida.*

Com a espiral temporária montada, a aranha parte de um ponto na extremidade exterior da teia e começa a tecer de fora para dentro uma espiral de captura, uma estrutura mais densa feita de seda pegajosa que prenderá sua presa. Durante essa parte da operação, a aranha remove os fios que compõem a espiral temporária. Na construção da espiral de captura, a aranha parece ser guiada principalmente pela necessidade de ter um emaranhado suficientemente denso de fios. Para isso, tenta manter igual distância entre as sucessivas voltas, produzindo uma estrutura que os matemáticos chamam de espiral aritmética.** O objetivo principal, entretanto, é uma teia de densidade adequada e não uma estrutura geométrica elegante, e para alcançar essa meta em uma teia cuja armação exterior tem pouca probabilidade de ser perfeitamente simétrica, a aranha precisa improvisar, realizando ocasionalmente até idas e vindas de forma a criar na espiral trechos em forma de U.

---

*Na espiral temporária, as distâncias entre as sucessivas voltas aumentam por um fator constante. Isso resulta em uma espiral que cresce rapidamente de dentro para fora, tendo poucas voltas completas. Os matemáticos chamam tal figura de espiral logarítmica. É caracterizada por ter o mesmo ângulo de crescimento em cada ponto.
**Numa espiral aritmética, uma linha desenhada do centro para fora cruza as sucessivas voltas a distâncias constantes e o crescimento dos ângulos tangentes se dá com taxa também constante, de aproximadamente 90 graus à medida que o número de voltas aumenta.

Quando termina seus trabalhos, a aranha volta para o centro e espera pela chegada do jantar.

O que nós enxergamos como elegância geométrica é, portanto, o resultado de três etapas básicas de construção: uma estrela, uma espiral temporária com ângulo constante e uma espiral permanente de captura, muito mais densa, com distância constante. É indubitavelmente uma façanha impressionante de engenharia, em termos de projeto, execução e resistência dos materiais utilizados. Para levar a cabo a construção, a aranha deve ter uma boa noção de distâncias. Mas os aspectos matemáticos da teia não precisam ser calculados: eles são conseqüências automáticas dos passos simples seguidos pela aranha.

6

Artistas naturais: Animais e plantas que criam belos padrões

Com exceção de casos como o do castor ou o da aranha, em que o ambiente "faz a matemática", todos os exemplos que encontramos até agora têm uma coisa em comum: a criatura realiza alguma atividade ou exibe algum comportamento que nós, seres humanos, só poderíamos executar ou demonstrar usando a matemática. Expliquei isso dizendo que, pelo mecanismo de evolução por seleção natural, a natureza equipou as criaturas com a capacidade de "fazer matemática (natural)". Os exemplos que apresentarei neste capítulo e no próximo são diferentes. Nestes casos, a natureza arrumou as coisas de forma que o animal ou a planta siga algumas regras matemáticas específicas à medida que cresce e se desenvolve.

Como o leopardo adquire suas manchas?

Você já se perguntou como o leopardo adquire suas manchas ou como um tigre obtém suas listras? No fim dos anos 1980, James Murray, da Universidade de Oxford, fez essa mesma pergunta a si mesmo. Sendo um matemático com conhecimento considerável de biologia, ele conseguiu encontrar uma resposta. Os padrões das peles dos animais dão um exemplo de outro modo pelo qual a natureza pode "fazer matemática" de um jeito diferente dos casos que vimos até agora.

Murray conhecia as explicações habituais sobre por que animais diferentes têm padrões de pele distintos — uma combinação de camuflagem para o hábitat natural do animal, mantendo uma aparência adequada para repelir certos predadores com visual atraente para seus semelhantes do sexo oposto. Ele também sabia que toda coloração de pele dos animais é causada por uma

Figura 6.1. O tigre e o leopardo. Seus padrões de pele resultam de regras matemáticas seguidas pelas substâncias de pigmentação da pele.

substância chamada melanina, produzida por células que se localizam logo abaixo da camada superficial da pele. (É a mesma substância que faz com que pessoas de pele clara fiquem bronzeadas.) Mas que mecanismo a natureza utiliza para colocar melanina nos lugares adequados de forma a produzir a coloração de pele típica de cada animal?

Uma resposta possível é que o DNA do animal possui codificadas todas as informações necessárias para gerar a coloração — instruções específicas sobre onde colocar uma mancha, uma listra e assim por diante. Mas existe outra possibilidade, uma idéia que, se funcionar, representará muito mais eficiência. Suponha, disse Murray, que existam regras geométricas que determinem os padrões de pele dos animais, mais ou menos como as regras da geometria elementar de triângulos, circunferências, tetraedros e outras figuras que o geômetra grego Euclides (300 a.C.) descreveu. O DNA do animal precisaria apenas codificar algumas instruções sobre quais regras aplicar e quando. A matemática geraria a partir disso o padrão de pele que observamos.

Assim, de cara, isso pode parecer improvável. Afinal, os padrões de formas descritos por fórmulas matemáticas são regulares demais, ao contrário dos padrões de peles de animais, não é mesmo? Na verdade, não é bem assim. Os matemáticos são capazes de obter equações que descrevem a formação de padrões de peles de animais, além de muitos outros aspectos dos seres vivos. O que eles em geral não conseguem é resolvê-las ou, pelo menos, não com papel e lápis. Mas, com um computador poderoso, conseguem. E foi isso que Murray fez para os padrões de peles de animais.

Seu primeiro passo foi escrever as equações que representam os processos químicos que causam a coloração na pele de um animal.* O segundo foi escrever um programa de computador para solucionar tais equações. O terceiro passo foi usar computação gráfica para transformar as soluções em figuras.

Durante as primeiras fases de seu desenvolvimento, um embrião de leopardo ou tigre, por exemplo, não tem nenhum padrão em sua pele. Mas esta já contém substâncias que, embora não sejam elas próprias as responsáveis pela cor da pele, estão envolvidas em reações para a produção de melanina. As reações químicas cruciais acontecem durante o início do desenvolvimento do animal. Na maioria dos animais, que já nasce com seu padrão de pele exato, as reações acontecem dentro do útero. Em uns poucos animais, que nascem sem o padrão de pele desenvolvido, as reações acontecem logo depois do nascimento. (Este é o caso dos dálmatas, cujas pintas aparecem algumas semanas após o nascimento.)

O DNA do animal determina quais substâncias produtoras de melanina existem na pele e quais são suas concentrações relativas, mas não onde elas estão localizadas. A distribuição inicial dessas substâncias é aleatória. As únicas outras informações sobre produção de cor que o DNA codifica são dois gatilhos de tempo que dizem ao embrião em crescimento quando ativar as substâncias e em que momento parar as reações.

A descoberta surpreendente que Murray fez com suas simulações computacionais foi que esse mecanismo simples contém

---

*As equações de Murray envolvem cálculo diferencial. Os matemáticos as chamam de equações diferenciais parciais.

tudo que é necessário para gerar todos os diferentes padrões de pele dos animais que nós encontramos na natureza. O principal fator que distingue manchas de listras, por exemplo, é o momento em que ocorrem as reações químicas dentro da pele.

De fato, não é propriamente o momento que faz a diferença, na verdade é o tamanho e a forma global do embrião durante a fase ativa. Eis o que as equações matemáticas prevêem: regiões de pele muito pequenas ou muito grandes não propiciam absolutamente nenhum padrão. Na situação intermediária, regiões longas e estreitas desenvolvem faixas perpendiculares ao comprimento da região, enquanto regiões quadradas com aproximadamente a mesma área global ocasionam manchas cujo padrão exato depende das dimensões da região. A Figura 6.2 mostra alguns dos padrões de pele que Murray obteve em seu computador.

Por exemplo, existe um período de quatro semanas no início do ano de gestação da zebra durante o qual o embrião é comprido

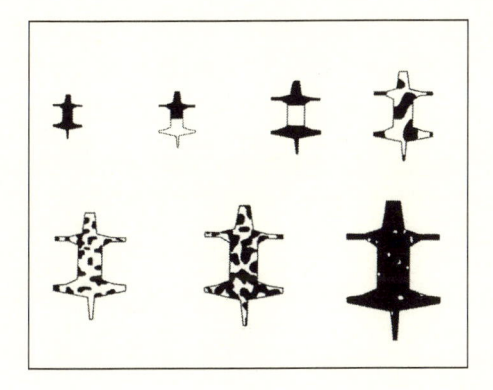

Figura 6.2 Variando dois parâmetros numéricos em seu modelo computacional, James Murray obteve todos os padrões de pele dos animais encontrados na natureza, sugerindo que a variedade de padrões de pele provavelmente resulta de regras matemáticas.

como um lápis. A matemática de Murray mostra que, como as reações acontecem nessa época, o padrão resultante é o de listras. Embriões de leopardo, entretanto, são bastante gorduchos no momento em que a reação se dá e, então, as equações resultam em manchas. (Exceto pela cauda que, durante o desenvolvimento, é longa e tem formato de lápis, o que explica por que o rabo do leopardo é sempre listrado.)*

Embora a matemática necessária para explicar o processo seja incrivelmente simples, o mecanismo é muito sofisticado — as equações de Murray envolvem métodos de cálculo diferencial — e, contudo, nem a mãe nem seus bebês estão fazendo matemática. Em vez disso, a natureza está explorando a matemática a fim de fornecer um mecanismo extremamente eficiente para gerar padrões de pele. (Além disso, já que os principais parâmetros são os dois gatilhos de contagem de tempo, a natureza, sob a forma de seleção natural, pode facilmente mudar o padrão caso o ambiente se altere e exija uma mudança da coloração da pele para a sobrevivência da espécie.)

O náutilo e o falcão-peregrino

Outro exemplo de como os padrões naturais são resultado de leis matemáticas ocultas é dado pela concha do náutilo, aquela bela

---

*O mecanismo proposto por Murray também dá a resposta para uma pergunta enigmática: Por que será que vários animais têm corpos pintados e rabos listrados, mas nenhum tem corpo listrado e rabo pintado? Parece não haver nenhum motivo evolutivo para esse fato curioso. De acordo com a matemática de Murray, a explicação é simples. É uma conseqüência direta do fato de que embriões de muitos animais têm corpos gorduchos e caudas finas, mas nenhum animal tem embrião com corpo estreito e longo e rabo gorducho.

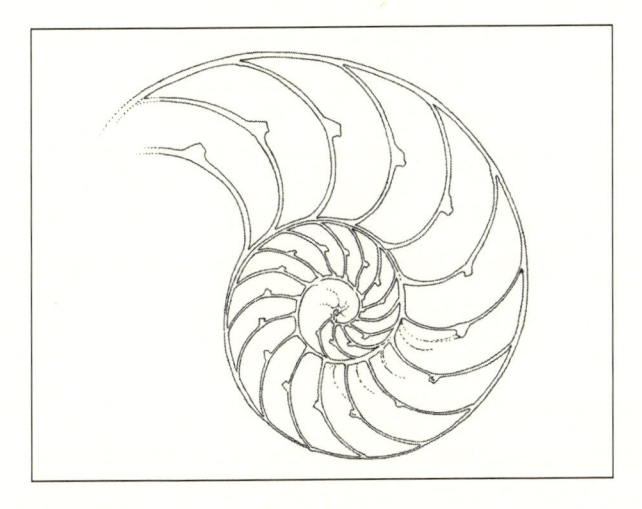

Figura 6.3 A concha compartimentalizada do náutilo aparece aqui em corte transversal.

concha em forma de chifre em espiral que, quando a encontramos na praia, colocamos junto à orelha para ouvir o som do mar — um comportamento estranho, já que as ondas estão a apenas alguns metros de distância. (Ver figura 6.3.)

O náutilo é o único descendente vivo dos nautilóides que, há 40 milhões de anos, foram os maiores predadores nos mares. Vive nas águas tropicais do oceano Indo-Pacífico. Sua famosa concha lisa e encaracolada, exibida na Figura 6.3, pode crescer até chegar a quase 30 centímetros de diâmetro. É dividida em uma série de compartimentos progressivamente maiores, cada um deles revestido de madrepérola, sendo o mais externo (e último construído) habitado pelo animal. As separações que dividem as cavidades são perfuradas por um tubo conectado ao náutilo, utilizado por este para regular sua flutuação através da passagem de gás e líquido para dentro e para fora das cavidades pelas paredes do tubo. O náutilo passa a maior parte do tempo em profundidades de 150 a 250 metros, mas sobe até 60 metros durante a noite para se alimentar.

A forma espiral da concha do náutilo é, como a espiral temporária da teia da aranha de jardim, o que os matemáticos chamam de espiral logarítmica. Existem várias maneiras equivalentes de descrevê-la matematicamente. Um modo é dizer que é uma espiral equi-angular: o ângulo da curva permanece constante ao longo do comprimento da espiral. Outra caracterização é dizer que é auto-similar: se você fizer uma rotação completa da espiral e ampliá-la, descobrirá que o resultado coincide exatamente com a curva que tinha originalmente.

Figura 6.4 O falcão-peregrino segue uma espiral logarítmica quando desce em ataque à sua presa no solo.

A propriedade de auto-similaridade da espiral é a razão pela qual a concha do náutilo se utiliza dessa forma. À medida que o náutilo cresce, precisa aumentar o espaço de sua concha. Uma vez que a criatura não muda seu formato e simplesmente aumenta de tamanho, o modo mais eficiente de adaptar o espaço é ampliar sua concha de acordo com a forma auto-similar de uma espiral logarítmica.

Outra situação em que a espiral logarítmica surge na natureza é na trajetória seguida por um falcão-peregrino quando se lança em vôo descendente para abater a presa. A pergunta natural é: por que o falcão simplesmente não mergulha diretamente para o alvo? A resposta é que o falcão deve manter a presa em seu campo de visão o tempo todo. Mas há um problema: embora os olhos do falcão sejam aguçados como uma navalha afiada, eles se localizam nas duas laterais da cabeça. Assim, o que a criatura faz é inclinar a cabeça para um lado em um ângulo de cerca de 40 graus e fixar a presa no campo de visão de um olho. Com a cabeça inclinada a 40 graus, o falcão mergulha, então, de modo a manter a presa sempre visível por um de seus olhos.

O fato de manter fixo o ângulo da cabeça resulta em uma trajetória de vôo que segue uma espiral equi-angular, que converge para a presa. É um geômetra natural — assim como as plantas, o que descobriremos a seguir.

Os padrões numéricos que tramam as plantas

Será que plantas podem fazer matemática? No sentido comum, não, claro que não. Elas não têm cérebro. Mas, como vimos, os seres vivos às vezes solucionam problemas matemáticos ou geram padrões matemáticos simplesmente pelo modo como crescem ou se comportam. Leopardos, tigres e as divisões em câmaras da concha do náutilo são exemplos de como funcionam calculadoras próprias da natureza. O mesmo acontece com muitas flores e plantas.

Nossa história sobre plantas não começa no jardim, mas com um problema em um livro do século XIII para o ensino de aritmética. Em 1202, o grande matemático italiano Leonardo de Pisa (1170 – 1250, aproximadamente, a quem os historiadores acabaram chamando de Fibonacci) escreveu um livro para o ensino de aritmética chamado *Liber abaci* (O livro dos cálculos). Um dos problemas nesse livro dizia o seguinte:

> Certo homem tinha um casal de coelhos em um determinado lugar cercado e desejava descobrir quantos descendentes geraria o casal em um ano, sabendo que pela natureza desses animais, eles geravam um novo casal em um mês, o qual, em um segundo mês, se tornaria também apto à reprodução.*

Como na maioria dos problemas de matemática, supõe-se que você deve ignorar acontecimentos realistas como a morte, a fuga ou a impotência. Fibonacci enunciou o problema puramente como um exercício de matemática para ajudar os leitores de seu livro.

Depois de pensar um pouco, você vê que o número de pares de coelhos que há no jardim de Fibonacci a cada mês é dado pelos números na seqüência 1, 2, 3, 5, 8, 13, 21, 34, 55, 89, 144 e

---

*Muitos livros parafraseiam este problema. O texto que eu coloquei aqui é uma tradução direta do original em latim extraída da tradução comentada de L. E. Sigler intitulada *Fibonacci's Liber Abaci*, Springer Verlag (2002), p. 404.

assim por diante. Esta seqüência de números é chamada de seqüência de Fibonacci. A regra geral que a produz diz que cada um dos números que vem após o segundo é igual à soma dos dois números anteriores. (Então 1 + 2 = 3, 2 + 3 = 5, 3 + 5 = 8 e assim por diante.) Isso corresponde ao fato de que, entre os coelhos que nascem a cada mês, há um par proveniente de cada um dos casais que acabaram de se tornar adultos, e mais um par para cada casal de coelhos que já estava maduro no mês anterior. Uma vez que você tem essa seqüência, pode resolver o problema proposto por Leonardo simplesmente buscando o décimo segundo número na lista: depois de um ano teremos 233 casais. (Considerando o modo como o problema está enunciado, há alguma incerteza sobre se deveríamos tomar o décimo segundo ou o décimo terceiro termo da seqüência: o próprio Leonardo utilizou o décimo terceiro e deu como resposta um total de 377 pares.)

Aparentemente o astrônomo do século XVII Johannes Kepler (1571-1630) foi uma das primeiras pessoas a observar que os números de Fibonacci parecem realmente ocorrer na natureza. Isso se dá de várias maneiras surpreendentes. Por exemplo, se você contar o número de pétalas em diferentes flores, descobrirá que a resposta muitas vezes é um número de Fibonacci. Isso acontece muito mais freqüentemente do que você esperaria obter ao acaso. Por exemplo, uma íris tem três pétalas; prímulas, botões-de-ouro, rosas selvagens, esporeiras e aquilégias têm cinco pétalas cada; um delfínio tem oito; a tasneira, a estrela-de-ouro e a cinérea têm 13; o mal-me-quer, a margarida amarela e a chicória têm 21; as margaridas têm 13, 21, ou 34; a flor da bananeira e o crisântemo têm 34; e algumas margaridas norte-americanas têm 55 ou 89 pétalas.

Figura 6.5 As sementes de girassóis e de várias outras flores exibem dois padrões espirais seguindo em direções opostas. O número de espirais em cada direção é sempre um número de Fibonacci. Um modelo espiral similar também pode ser encontrado em coníferas, onde os números de espirais também são números de Fibonacci.

Outro exemplo do mundo botânico: se você observar um girassol, verá um belo padrão com *duas* espirais, uma girando no sentido horário e a outra no sentido anti-horário. Contando essas espirais, na maioria dos girassóis você descobrirá que existem 21 ou 34 girando no sentido horário e 34 ou 55 no anti-horário, respectivamente — sempre números de Fibonacci. Mais raros são os girassóis com 55 e 89, ou com 89 e 144, ou até 144 e 233 em um caso confirmado. Outras flores exibem o mesmo fenômeno: a equinácea é um bom exemplo. De modo semelhante, as coníferas possuem 5 espirais horárias e 8 espirais anti-horárias. Um abacaxi tem 5, 8, 13 e 21 espirais de inclinação crescente. Cada pedaço no abacaxi é parte de 3 espirais distintas. (Ver Figura 6.5.)

Outro exemplo refere-se ao modo como as folhas estão localizadas nos caules de árvores e plantas. Se você der uma olhada nisso, verá que em muitos casos, seguindo de baixo para cima ao

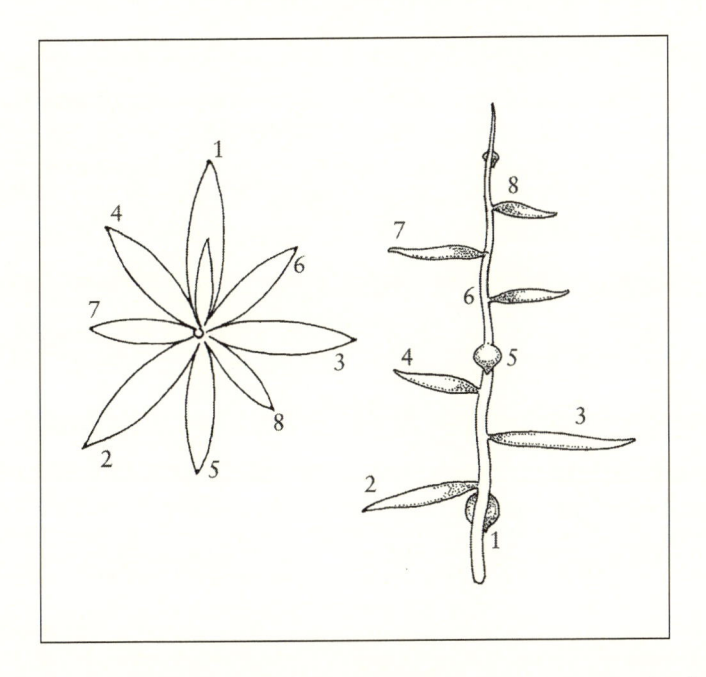

Figura 6.6 As folhas de uma planta são distribuídas em círculos ao redor do caule de acordo com leis matemáticas precisas que envolvem os números de Fibonacci.

longo de um caule, as folhas estão situadas em um caminho espiral que gira em torno do talo. O padrão espiral é suficientemente regular para levar a um parâmetro numérico característico de cada espécie, chamado de divergência. Comece em uma folha, chame de p o número de voltas completas da espiral antes de chegar a uma segunda folha exatamente acima da primeira, e de q o número de folhas que há entre a primeira e última nesse processo (sem contar a primeira). O quociente p/q é chamado divergência da planta. Isso está ilustrado na Figura 6.6.

Se você calcular a divergência para diferentes espécies de plantas, descobrirá que tanto o numerador quanto o denominador tendem a ser números de Fibonacci. Em particular, ½, ⅓, ⅖, ⅜,

$5/13$, $8/21$, são proporções comuns de divergência. Por exemplo, olmos, tílias, limeiras e algumas gramíveas comuns têm como divergência $1/2$; faias, aveleiras, amoreiras-pretas, junças e algumas gramíveas têm divergência igual a $1/3$; carvalhos, cerejeiras, macieiras, azevinhos, ameixeiras e tasneiras têm como divergência $2/5$; álamos, roseiras, pereiras e salgueiros correspondem a $3/8$; a amendoeira, o salgueiro-com-folha-de-amendoeira e o alho-poró têm como divergência $5/13$.

Nenhum dos exemplos que dei são coincidências numéricas. Como explicarei a seguir, são conseqüências do modo como as plantas crescem. (Por exemplo, as folhas no caule de uma planta devem situar-se de forma que cada uma tenha oportunidade de receber o máximo de luz solar possível, sem que esta seja obscurecida por outras folhas.) A seqüência de Fibonacci é um entre vários modelos matemáticos muito simples para processos de crescimento que combina bem com uma grande variedade de processos de crescimento reais encontrados na natureza.

Além de suas relações com o mundo natural, a seqüência de Fibonacci tem várias propriedades matemáticas curiosas. Talvez a mais surpreendente seja o fato de ela estar intimamente ligada ao número $\Phi = 1,61803$ da famosa "proporção áurea", a conhecida "razão da proporção perfeita" que dizem que era adorada pelos gregos antigos. (Φ é a letra maiúscula grega *fi*. O uso de Φ para denotar esse número é razoavelmente recente.)

De acordo com uma história já muito repetida, os gregos antigos acreditavam que o retângulo mais harmonioso era um em que a razão x entre os dois lados era obtida da seguinte forma: tome uma linha reta AB e a divida em duas partes separadas por um ponto P de forma que a razão AP:PB seja de x:1, como mostramos a seguir (onde escolhemos as unidades de forma que PB tenha comprimento 1, para simplificar os cálculos).

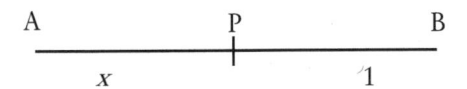

```
A            P         B
|————————————|—————————|
      x             1
```

Então, para que o retângulo com lado maior igual a AP e lado menor igual a PB seja o mais harmonioso à visão, a razão (x) entre o segmento mais longo AP e o mais curto PB deve ser exatamente igual à razão entre a linha inteira AB e o segmento mais longo AP. Teríamos como regra: *O todo está para o mais longo assim como o mais longo está para o mais curto*. Em símbolos:

$$\frac{AB}{AP} = \frac{AP}{PB}$$

Não importa a unidade que você utilizar (isto é, o comprimento real da linha AB), 1 pé, 1 metro, o comprimento do cadarço de um sapato etc. Para o retângulo perfeito, é a razão entre largura e altura que conta, o que os *designers* modernos chamam de razão de aspecto, e não os comprimentos em si. É por isso que nós podemos tomar o comprimento de PB como 1.

Para achar a razão áurea, vamos precisar agora de um pouco de álgebra. Uma vez que o comprimento de AP é x e o comprimento de PB é 1, o comprimento de AB será $x + 1$. Isso significa que podemos reescrever a identidade geométrica anterior através da equação

$$\frac{x+1}{x} = \frac{x}{1}$$

Esta fórmula pode ser rearranjada através de multiplicação cruzada, o que nos dá

$$1(x+1) = x\, x$$

isto é,

$$x + 1 = x^2$$

Podemos reorganizar este resultado obtendo a equação quadrática

$$x^2 - x - 1 = 0$$

Se você rememorar suas aulas de álgebra do ensino médio, lembrará que as equações quadráticas têm duas soluções e que existe uma fórmula para obtê-las. Quando você aplica essa fórmula à equação anterior, chega a duas respostas:

$$x = \frac{1+\sqrt{5}}{2} \text{ e } x = \frac{1-\sqrt{5}}{2}$$

Se tentarmos fazer os cálculos necessários para obter um número a partir dessas frações, não chegaremos a uma resposta exata. Usando uma calculadora, com três casas decimais, as respostas serão 1,618 e –0,618, respectivamente. A razão áurea, Φ, é a primeira dessas duas soluções, a positiva.

Você começa a suspeitar de que há algo além do que Φ se observa à primeira vista ao perguntar o que acontece com a solução negativa da equação quadrática, –0,618... Ela também tem uma expansão decimal que segue infinitamente. Exceto pelo sinal de menos, ela parece ser exatamente igual à primeira solução (Φ) só que com o 1 inicial ausente, e realmente é isso que acontece. A solução negativa é, de fato, igual a $-1/\Phi$. É claro que isso normalmente não ocorre com equações quadráticas. Talvez os gregos tivessem suas boas razões para achar que esse número em particular merecia estudo.

Tendo encontrado sua razão áurea, seguindo a história, os gregos incorporaram-na na arquitetura, assegurando que aonde quer que fossem em suas cidades magníficas, seus olhos encontrariam os chamados retângulos divinos (ou áureos). Isso pode ser verdade, mas os historiadores modernos questionam a afirmação. Certamente, a tão divulgada afirmação de que o Parthenon em Atenas é baseado na razão áurea não se confirma pelas medidas reais.

Na realidade, toda a história sobre os gregos e a razão áurea parece ser infundada. A única coisa que nós sabemos com certeza é que Euclides mostrou como calcular seu valor em seu famoso livro didático *Elementos I,* escrito por volta de 300 a.C. Mas seu interesse parecia estar mais voltado para a matemática do que para a arquitetura, já que ele se referiu a esse número pelo termo decididamente nada romântico "razão extrema e média". A expressão "proporção divina" fez sua primeira aparição na obra em três volumes de mesmo título publicada pelo matemático do século XV Luca Pacioli. A denominação "áurea" para Φ é ainda mais recente: surgiu em 1835, em um livro escrito pelo matemático Martin Ohm (cujo irmão físico descobriu a lei de Ohm).

Quer os gregos antigos tenham ou não achado que a razão áurea era a proporção mais perfeita para um retângulo, muitos da atualidade não partilham esse sentimento. Numerosos testes fracassaram em determinar a existência de um retângulo que seja preferido pela maioria dos observadores e as preferências são facilmente influenciadas por outros fatores. As afirmações de que arquitetos basearam seus projetos na razão áurea também não resistem à análise, embora o arquiteto francês Le Corbusier tenha em uma época se entusiasmado bastante com sua utilização.

É verdade que vários artistas flertaram com Φ, mas novamente devemos ser cuidadosos para que consigamos separar fato de ficção. As tão propagadas afirmações de que Leonardo da Vinci acreditava que a razão áurea era a proporção entre a altura e a largura de uma face humana "perfeita" e de que ele utilizou Φ em sua famosa ilustração conhecida como *Homem Vitruviano* parecem ser infundadas. O mesmo acontece com a afirmação igualmente comum segundo a qual Botticelli teria usado Φ nas proporções de Vênus em sua famosa tela *O nascimento de Vênus.* A lista de pintores que realmente fizeram uso de Φ inclui Paul Sérusier e Gino Severini no século XIX e Juan Gris e Salvador Dalí no século XX, mas os quatro parecem ter feito experiências com Φ por sua própria natureza e não por alguma razão estética intrínseca.

Ao contrário de todas as afirmações falsas feitas sobre a razão áurea na estética, na arte e na arquitetura, esta proporção definitivamente desempenha um papel fundamental no modo como flores e plantas crescem.

Por uma questão de eficiência, a natureza parece usar o mesmo padrão para colocar sementes em uma planta, para organizar as pétalas em volta de uma flor e para situar as folhas ao redor de um caule. Ainda mais interessante, todos estes modelos mantêm sua eficiência à medida que a planta continua a crescer. Como exatamente isso acontece?

As plantas crescem a partir de um único pequenino grupo de células que se situa bem na ponta de qualquer planta em crescimento, chamado meristema. Existe um meristema separado no fim de cada ramo ou galho e é aí que as novas células são formadas. Uma vez formadas, elas crescem em tamanho, mas novas células só surgem nesses pontos de crescimento. As células que estão mais abaixo, no caule, expandem-se e assim a extremidade de crescimento sobe. A fim de alcançar a melhor configuração possível e receber o máximo de luz solar, tais células crescem seguindo uma espiral, como se o caule girasse em determinado ângulo antes que uma nova célula apareça. Essas células podem então se tornar um novo ramo, ou podem se transformar nas pétalas e estames de uma flor.

O incrível é que um único ângulo fixo de rotação pode produzir o projeto ideal, independente do tamanho que a planta venha a ter. No caso das folhas, o ângulo assegurará que cada folha obscurecerá o mínimo possível as folhas abaixo e também será obscurecida pelas que estão acima o mínimo possível. De forma semelhante, uma vez que uma semente se posiciona na coroa de uma flor, continua crescendo em linha reta, empurrada por outras novas sementes, mas mantendo sempre o ângulo original na coroa. Não importa o tamanho atingido pela coroa da flor, as sementes estarão sempre uniformemente distribuídas nela.

Já no século XVIII os matemáticos suspeitavam de que o único ângulo de rotação que poderia permitir que tudo isso acontecesse do modo mais eficiente possível seria a razão áurea (medida no número de voltas por folha etc.). Contudo levou muito tempo para que fossem encaixadas todas as peças do quebra-cabeça e o passo final se deu em 1993, com os trabalhos experimentais de dois cientistas franceses, Stéphane Douady e Yves Couder.

Hoje sabemos por que Φ tem um papel realmente crucial no crescimento de plantas. A parte científica da explicação é que essa proporção dá a solução ideal para as equações de crescimento. A explicação matemática por trás da ciência é a de que, de todos os números irracionais, Φ tem um sentido técnico muito preciso, o mais longe possível de ser representável como uma fração.*

Isso explica por que existem tantas ocorrências da seqüência de Fibonacci em flores e plantas. A chave é a relação estreita entre a seqüência de Fibonacci e a razão áurea.

Qual é exatamente essa relação? À medida que você acompanha a seqüência de Fibonacci, as razões entre os termos sucessivos (isto é $2/1 = 2, 3/2 = 1,5, 5/3 = 1,666, 8/5 = 1,6, 13/8 = 1,625, 21/13 = 1,615, 34/21 = 1,619, 55/34 = 1.618$ etc.) ficam mais próximas entre si e também mais próximas da razão áurea. A partir de $55/34$, a razão se iguala à razão áurea até as três primeiras casas decimais. Outro modo de expressar o mesmo resultado é dizer que o enésimo número de Fibonacci é aproximadamente igual a um múltiplo fixo da enésima potência da razão áurea. Isso nos dá um método para calcular o enésimo número de Fibonacci sem gerar toda a seqüência dos predecessores: tome a razão áurea e a eleve à potência n, divida pela raiz quadrada de 5 e arredonde o resultado

---

*Para aqueles leitores que estão familiarizados com frações contínuas, a expansão em fração contínua da razão áurea é [1; 1, 1, 1,...]. Essa seqüência infinita do numeral 1 pode significar que Φ é o número real mais distante possível de uma fração. Esse é o caminho adequado para medir o grau de irracionalidade dos números irracionais a fim de entender o crescimento das plantas.

para o número inteiro mais próximo. A resposta que você obterá será o enésimo número de Fibonacci.

Assim, a razão pela qual você encontra os números de Fibonacci por toda parte no mundo vegetal é que a seqüência de Fibonacci é a seqüência de números inteiros que cresce seguindo o mais próximo possível a razão áurea. Uma vez que o número de pétalas, espirais ou estames em qualquer planta ou flor tem que ser um número inteiro, a natureza "arredonda" para o número inteiro mais próximo. Em resumo: os números de Fibonacci surgem pelo mundo vegetal porque a razão áurea é a taxa de crescimento da planta. Mais uma vez, em sua organização harmoniosa, a natureza nos mostra que é matemática.

7
É só um passo à direita: A matemática do movimento

Um jogador de basquete, correndo a toda velocidade, de repente pára, gira sobre uma perna, dá dois passos em outra direção, depois voa direto para a cesta para marcar o ponto. Um peixe, imóvel na água por um momento, percebe um movimento súbito com o canto do olho e, com uma batida quase imperceptível da cauda, arranca rapidamente para a segurança dos juncos. Um gato dá um salto elegante do chão para o aparador e, cobrindo uma distância correspondente a várias vezes seu próprio tamanho, aterrissa suave e silenciosamente no meio de artefatos de vidro, sem que nem um único copo tombe ou se quebre. Um colibri paira diante de uma flor, sua total imobilidade resulta de um bater de asas rápido demais para que o olho humano perceba como algo além de uma mancha desfocada.

Nosso mundo está cheio de movimento. A evolução equipou a maioria das criaturas vivas com algum modo de se locomover para que pudesse procurar alimento, buscar um companheiro ou escapar do perigo. As pessoas e os avestruzes caminham e correm sobre duas pernas, os cavalos e os cachorros usam quatro, as baratas, seis, as aranhas, oito; as serpentes deslizam; os peixes se impulsionam empurrando a água para os lados com a cauda; as aves voam batendo suas asas para criar um empuxo que as projete para cima e para a frente. A saborosa carne branca do camarão que preparamos com molho de tomate consiste em um único músculo — aproximadamente 40% do peso total da criatura a que pertence — projetado pela natureza com apenas um propósito: propiciar grande aceleração, permitindo que o animal fuja do perigo com um impulso explosivo repentino. Do mesmo modo, a força gerada por uma lula quando lança um jato d'água em alta velocidade para se propelir para longe de uma ameaça súbita é poderosa o suficiente para impressionar um engenheiro espacial da Nasa.

Como as criaturas que habitam a terra, o mar e o ar se movem? Pesquisas recentes* mostraram que, apesar da variedade aparentemente infinita de formas diferentes de locomoção, todas as criaturas vivas usam um processo bem parecido para gerar movimento. E, quando se movem, todas fazem uso de matemática sofisticada (mas, claro, embutida naturalmente na criatura).

A locomoção nos leva a um terceiro modo pelo qual a matemática surge naturalmente no mundo vivo. Nos capítulos 1, 2, 4 e 5 consideramos exemplos em que as criaturas individuais eram naturalmente capacitadas a realizar certos cálculos no decorrer de sua vida cotidiana. No Capítulo 6 vimos como o crescimento de um animal ou de uma planta pode seguir leis matemáticas precisas. Neste capítulo e no seguinte veremos como a

---

*Um bom resumo geral nos é dado pelo artigo "How Animals Move: An Integrative View", de Michael Dickinson et al., *Science* 288, 7 de abril de 2000, pp. 100-106, no qual boa parte deste capítulo é baseada.

matemática está embutida na estrutura mecânica de vários animais. Começaremos com a locomoção animal. Depois, no Capítulo 8, abordaremos a matemática da visão. Locomoção e visão envolvem um bocado de matemática sofisticada, e, como veremos, a natureza equipou praticamente todas as criaturas (inclusive os seres humanos) com "computadores" mecânicos muito eficientes para solucionar precisamente os problemas de matemática relacionados com o ato de dar uma voltinha e ver aonde se está indo.

Por terra, mar e ar

Para que tenhamos uma idéia da dificuldade da matemática da locomoção, depois de cinqüenta anos de pesquisa com grandes subsídios para a construção de máquinas controladas por computador, ninguém ainda conseguiu construir um robô que possa caminhar bem sobre duas pernas. De fato, nem os melhores robôs de uma, quatro ou seis pernas conseguem se movimentar tão bem quanto um simples cachorro ou um besouro qualquer. Somente a invenção da roda, milhares de anos atrás, permitiu que o homem construísse máquinas de transporte eficientes. Quando se trata de construir aparelhos que imitem as maneiras que a natureza criou para resolver o problema da locomoção, ainda estamos no jardim de infância.

Entretanto todo movimento acaba se resumindo a dois princípios físicos identificados por Isaac Newton há uns 350 anos. Um diz que o movimento resulta da aplicação de uma força: força = massa x aceleração. O outro afirma que toda força produz uma reação de mesma intensidade e sentido contrário. A grande variedade de estratégias de locomoção que vemos ao nosso redor não decorre de diferentes princípios de movimento, mas de engenhosidade ilimitada da natureza ao buscar formas de aplicar as duas leis da física de Newton, engenhosidade que exigiu que várias criaturas fossem equipadas com habilidades matemáticas muito sofisticadas (congênitas).

A pesquisa realizada ao longo dos últimos cinco anos mostrou que a matemática do movimento não está totalmente localizada no cérebro dos seres vivos. A natureza dotou suas criaturas de esqueletos, sistemas musculares e sistemas nervosos que ajudam o cérebro a realizar a matemática exigida pela locomoção.

De fato, como veremos em breve, a "matemática" que uma barata utiliza para se mover é muito mais complicada e difícil do que a maior parte dos problemas de matemática que em geral solucionamos em nossa calculadora. Na verdade, a barata é um exemplo particularmente drástico de ousadia matemática da natureza. Os princípios matemáticos envolvidos na locomoção da barata são bem parecidos com aqueles utilizados para projetar e controlar os mais recentes jatos de combate.

Em todas as criaturas que se deslocam, a locomoção começa nos músculos. Estes são órgãos capazes de fazer contrações repetidas. Essas contrações básicas devem ser convertidas em uma força locomotora. Em muitas criaturas, incluindo o *Homo sapiens* e todos os outros mamíferos, essa transposição é feita por um sistema de alavancas, molas e barras de conexão — mais precisamente, ossos, cartilagens, tendões e ligamentos — que, junto com os músculos propriamente ditos, compõem o que conhecemos como sistema músculo-esquelético. Este sistema de transposição, qualquer que seja a forma que assuma, é o que transforma em locomoção as contrações e os relaxamentos repetidos dos músculos da criatura.

Tais conversões podem exigir um bocado de engenharia sofisticada. Para fins de comparação, considere um automóvel. Os "músculos" de um carro moderno são as câmaras de combustão. O repetido movimento de entrada e saída dos pistões em cada câmara fornece a força básica que propulsiona o automóvel. Mas é necessário um arranjo bastante complexo de barras, alavancas e rodas (inclusive as da embreagem e da caixa de transmissão) para converter esse movimento de entra-e-sai dos pistões em movimento frontal do carro, e maquinaria ainda mais complexa (acelerador, freio e mecanismos de direção) para assegurar que o carro siga na direção que queremos, na velocidade que desejamos, no momento em que decidirmos e, além disso, com movimentos muito suaves, de forma a não causar danos aos ocupantes.

Projetar um automóvel moderno requer muita matemática. Essa matemática não fica simplesmente "perdida" ou "esquecida" depois que o automóvel sai da fábrica e chega às lojas. Em vez disso, quando o carro é dirigido, toda a estrutura está continuamente "desenvolvendo a matemática" necessária para fazê-lo avançar. Nós poderíamos, se desejássemos, visualizar todo o sistema do veículo — todas as barras, correias, dentes de engrenagem, rodas e alavancas — como um computador, fazendo repetidamente os mesmos cálculos. Nós geralmente não pensamos nele dessa forma, claro, porque não identificamos com um computador uma máquina que realiza apenas uma operação particular, ou apenas um pequeno conjunto de operações, repetidas vezes. Em vez disso, pensamos em um computador como um dispositivo que pode ser programado para executar muitas operações distintas.

A criatividade da natureza não perde para a dos engenheiros humanos na criação de mecanismos para converter contrações musculares em locomoção intencional, ordenada e dirigida. Esses mecanismos freqüentemente envolvem uma matemática tão sofisticada que, como já observamos, ainda não foi possível a engenheiros humanos construir um robô quadrúpede que caminhe tão bem quanto um cachorro, nem um robô de duas pernas que possa demonstrar muito mais habilidade do que uma criança pequena em seus primeiros passinhos hesitantes.*

No início dos tempos da robótica da locomoção, os engenheiros adotaram a abordagem que na época acreditavam ser a usada pelos animais: a existência de um cérebro como unidade de controle central que coordena todo o processo, enviando sinais que dirigem a ação dos vários músculos e assim por diante. Contudo, nos últimos anos, os cientistas descobriram que a natureza é muito mais eficaz. O sistema músculo-esquelético de um mamífero ou de um inseto, por exemplo, é projetado pela seleção natural para distribuir os cálculos necessários à locomoção por toda a estrutura, deixando ao cérebro a tarefa de se concentrar em questões mais gerais, como para onde a criatura quer ir e com que velocidade. Como resultado dessas descobertas, os engenheiros tentam agora construir robôs de maneira

---

*Por conta disso, vou ignorar sumariamente o papel dos sistemas nervoso e cardiovascular do animal. Na prática, estes também estão intimamente conectados com a ação do sistema músculo-esquelético, tornando todo o processo de locomoção ainda mais complexo do que em minha descrição.

similar, acoplando muita matemática na estrutura mecânica do robô, deixando ao computador de controle a tarefa de lidar com as questões globais do movimento. (Muitas descobertas recentes sobre a locomoção animal foram feitas cirurgicamente, anexando sensores minúsculos a vários músculos e articulações em animais terrestres e aves, os quais enviam sinais a computadores que acumulam informações e nos ajudam a descrever como a criatura realmente se move.)

No caso da barata, por exemplo, suas 6 pernas realmente agem uma contra a outra durante a maior parte do tempo, puxando o solo em direção a seu corpo bem como causando um impulso global para a frente. (Ver figura 7.1.) Isso dá estabilidade, tornando-a resistente a deslizes laterais causados por declives ou a ser levada por uma súbita rajada de vento. Também permite que o inseto mude de direção rapidamente a fim de evitar riscos. Essa capacidade de mudança rápida de direção também é importante para aeronaves de combate, e os engenheiros aeronáuticos ob-

Figura 7.1 As seis pernas de uma barata trabalham uma contra a outra, puxando o solo contra seu corpo e fornecendo também impulso frontal.

têm tal habilidade de manobra de forma matematicamente similar, projetando os modernos jatos de combate de forma a serem intrinsecamente instáveis do ponto de vista aerodinâmico, mantendo-se em vôo e no curso somente pela geração de forças que se opõem mutuamente, controladas em tempo real pelos rápidos computadores de bordo.

O movimento das seis pernas da barata tem que ser cuidadosamente coordenado para assegurar que seu movimento periódico resulte em movimento para a frente razoavelmente constante. Matematicamente falando, exige a solução, em tempo real, de um complicado sistema de equações diferenciais. As soluções para essas equações representam instruções para os músculos que controlam cada perna com relação ao momento específico em que esta deve deslocar-se, que força deve exercer e a duração do movimento. Para um matemático humano, solucionar essas equações diferenciais seria um grande desafio, mesmo com a ajuda de um computador poderoso. Para a barata, essa matemática não apresenta realmente nenhuma dificuldade, já que ela evoluiu para solucionar automaticamente as equações.

Mas a matemática do deslocamento não termina com o movimento das pernas. Há ainda a questão de que efeito o movimento exerce sobre o resto do corpo da criatura. Em particular, criaturas que caminham eretas sobre duas ou quatro pernas verticais, como os seres humanos, os chimpanzés, os cachorros ou os cavalos, têm que lidar com as tensões significativas que são repetidamente impostas aos ossos e às articulações de cada perna quando o peso do corpo se concentra totalmente nas pernas durante a locomoção. Tais forças podem chegar a 30% da tensão que causaria fissuras ou fraturas no osso, o que significa estar muito mais perto do ponto de ruptura do que os engenheiros civis aceitam em edifícios e pontes ou do que engenheiros mecânicos toleram em máquinas.

Para assegurar que a locomoção não termine em ossos quebrados, os animais são constituídos de forma que, quando se deslocam mais rápido, automaticamente mudam seu passo para reduzir as forças de choque. Os cavalos, por exemplo, têm 4 formas distintas de movimento: passeio, trote, meio-galope e galope. O mesmo vale para o homem: caminhada, caminhada acelerada, corrida e disparo. Monitorar e controlar essa gama de diferentes tipos de locomoção é uma tarefa complicada, que requer grande quantidade de matemática (congênita). O sistema de controle da locomoção fica ainda mais complicado pela necessidade de controle do equilíbrio, particularmente nas criaturas de duas pernas, que são inerentemente instáveis. Isso é alcançado em grande parte por meio de um sistema complexo de sensores e mecanismos de validação de informações. Os sensores constantemente monitoram todos os aspectos da posição e do movimento do animal e retornam sinais para os músculos para ajustar o movimento à situação.

A diferença entre caminhada e (qualquer tipo de) corrida é particularmente significativa. Na caminhada, a perna funciona como uma barra rígida sobre a qual o animal apóia seu peso. Na corrida, a perna trabalha como um "bastão pula-pula", que se comprime e armazena energia potencial à medida que o peso do animal é lançado sobre a perna, e em seguida converte a energia que armazenou em energia cinética à medida que a mola expande,

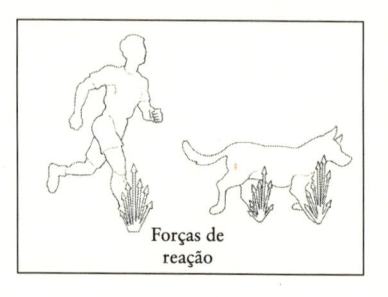

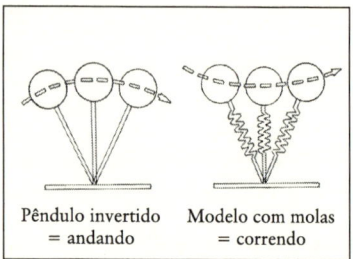

Figura 7.2 Caminhar ou correr. Na caminhada, a perna funciona como uma barra rígida sobre a qual o animal apóia seu peso; na corrida, a perna funciona como um "bastão pula-pula".

impulsionando o peso do animal para cima. (Ver figura 7.2.) Estudos mostram que os animais quadrúpedes coordenam suas pernas aos pares, com cada par agindo de uma destas duas formas, como barra rígida ou "bastão pula-pula".

A locomoção dos peixes é realizada por um movimento lateral do corpo, que transmite energia para a água circundante de forma a criar uma cadeia de vórtices circulares interligados, como mostra a Figura 7.3. O movimento para a frente é uma conseqüência direta da segunda lei de Newton para o movimento. Neste caso, até agora as equações matemáticas que governam a locomoção têm resistido a todas as tentativas de solução. Na verdade, não se sabe nem mesmo se existe uma solução no sentido habitual de uma fórmula matemática que descreva o movimento. A ilustração dos anéis do vórtice exibida na Figura 7.3 foi gerada numericamente por um computador. É claro que, no sentido dos cálculos naturais, o peixe "soluciona" essas equações toda vez que nada.

Finalmente, o que podemos dizer do vôo? Por milhares de anos os seres humanos observaram as aves voando alto e se perguntaram como seria juntar-se a elas no ar. Como sabemos, levou muitos anos para que esse sonho se tornasse realidade, e só nos tornamos capazes de voar quando paramos de tentar fazê-lo do mesmo modo que os pássaros, batendo asas, e passamos a utilizar a matemática.

O truque para voar é ser capaz de usufruir no ar da segunda lei de Newton para o movimento. Isso significa criar uma força para baixo (isto é, um fluxo descendente de ar) suficientemente forte para que a força de reação, de igual intensidade e sentido contrário (conhecida tecnicamente como empuxo) possa vencer a força para baixo causada pela gravidade. Os helicópteros fazem isso diretamente: as grandes hélices horizontais geram um fluxo descendente de ar. No caso de um avião, o fluxo de ar para baixo é alcançado de forma mais indireta. Um ou mais motores colocam a aeronave em movimento horizontal. O movimento do avião cruzando o ar, do ponto de vista do próprio avião, implica que o ar flui para trás sobre a fuselagem e as asas. Se o projeto da fuselagem e das asas for adequado, tendo estas

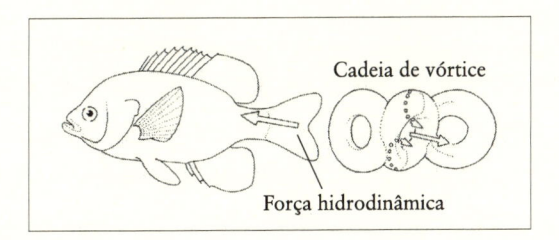

Figura 7.3 Um peixe se desloca para a frente abanando a cauda de um lado para o outro. Isso gera uma cadeia de vórtices circulares interligados, desenhados aqui a partir de um modelo computacional. O movimento frontal é uma conseqüência direta da segunda lei do movimento de Newton.

últimas ângulo ligeiramente inclinado para cima (o "ângulo de ataque"), o ar que flui acima da fuselagem e das asas é forçado para baixo, e a força de reação resultante fornece o empuxo que mantém a aeronave no ar.

Como no caso do nado dos peixes na água, grande parte da energia transferida para o ar que circunda um avião durante o vôo forma vórtices no ar. No caso de um grande avião a jato moderno, estes vórtices podem se arrastar atrás do avião por vários quilômetros e podem ser suficientemente fortes para afetar qualquer outro avião que voe através deles. Como resultado, as regulamentações de vôo proíbem os aviões de voarem muito próximos na mesma rota.

O vôo das aves que planam pode ser explicado de maneira semelhante. Mas a matemática do vôo dos pássaros que batem suas asas é muito mais complicada. Em essência, o movimento das asas da ave deve criar um fluxo de ar para baixo, o suficiente para que a segunda lei de Newton forneça o empuxo. Mas ainda não se sabe exatamente como isso se dá. O que sabemos sobre como voam as aves é mais fruto de observação de filmes em câmera lenta de pássaros voando, simulações em computador e construção de modelos físicos do que da solução das equações de vôo.

No caso de muitos insetos voadores e de aves capazes de pairar no ar, como o colibri, a aerodinâmica é um pouco diferente. Nessas situações, o ângulo de ataque da asa é tão acentuado que a matemática que costumamos usar para descrever o vôo de aeronaves nos diria que a corrente de ar acima da asa a quebraria, causando danos à ave. O que impede que isso aconteça é que o movimento da asa segue uma trajetória em laço que produz forças

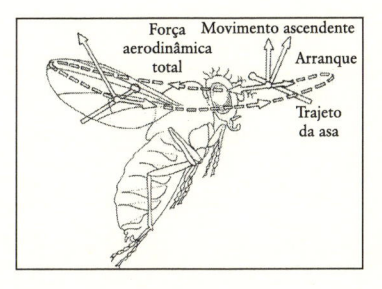

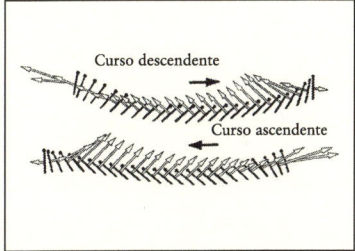

Figura 7.4 No caso de alguns insetos voadores e de aves capazes de pairar no ar, o movimento da asa segue uma trajetória em laço que produz forças aerodinâmicas, que resultam em movimento ascendente.

aerodinâmicas em diferentes direções, que se somam para produzir movimento ascendente. (Ver Figura 7.4.)

Nos insetos voadores menores, temos ainda uma matemática de vôo diferente. Nestes casos, a viscosidade do ar circundante se torna um fator significativo e o inseto permanece voando, não por forçar o ar a se mover para baixo, mas ao empurrar para baixo com suas asas uma massa de ar resistente ao deslocamento.

Contudo, qualquer que seja o mecanismo exato usado para gerar o movimento ascendente, a questão importante é que vôo envolve muita matemática. Como sempre, a natureza cuida disso embutindo a matemática necessária na estrutura da criatura voadora. Mas, quando os seres humanos tentam desenvolver explicitamente a matemática, acabam se descobrindo diante de equações que não são capazes de solucionar, exceto numericamente e de forma aproximada.

8
Os olhos captam: A matemática oculta da visão

Ver é tão fundamental, algo tão dado por certo, ao alcance de tantas criaturas vivas, que você está desculpado se achar que é um processo relativamente simples.* Em uma explicação superficial, poderíamos dizer que a luz entra no olho, é enfocada por sua lente, chega à retina atrás do olho gerando uma corrente elétrica (sinal) que viaja ao longo do nervo ótico para dentro do cérebro, que interpreta esse sinal como visão. Tudo isso é verdade, mas a explicação não vai muito longe. Na realidade, concentrarmo-nos no papel dos olhos é omitir a maior parte da ação envolvida na visão. Porque, na verdade, não são exatamente nossos olhos que produzem a visão, mas nosso cérebro. (Tecnicamente, o olho é uma parte do cérebro, porém é conveniente para nossos propósitos visualizá-lo como um órgão distinto, mas conectado a ele.) Além disso, o papel do cérebro na visão envolve uma grande quantidade de matemática congênita.

---

*Uma compilação boa e agradável do que é conhecido sobre a visão encontra-se no Capítulo 4 do livro *How the Mind Works*, de Steven Pinker (W. W. Norton, 1997). Grande parte deste capítulo se baseia no excelente trabalho de Pinker, o qual sugerimos ao leitor como referência para mais detalhes sobre o assunto.

Um problema fundamental que a natureza (isto é, a seleção natural) teve que superar quando projetou os olhos foi garantir que conseguiríamos enxergar em profundidade, isto é, assegurar que nós veríamos o mundo de forma tridimensional, cheio de objetos sólidos, alguns mais próximos do que outros, alguns parcialmente cobertos por outros. O que faz desta uma tarefa para o *cérebro* executar é o fato de que a imagem criada na retina é bidimensional — como não poderia deixar de ser, já que se *trata de uma imagem* (em uma superfície bidimensional ligeiramente encurvada). Bem, na verdade, em geral são duas imagens, cada uma criada em um olho, e esta é uma parte importante na maneira como a natureza nos permite enxergar o mundo ao nosso redor tridimensionalmente. Mas a visão binocular (isto é, através de dois olhos) não explica tudo, uma vez que pessoas com um só olho possuem percepção de profundidade desenvolvida o suficiente para que levem uma vida bastante normal.

A necessidade da matemática na visão fica evidente quando você imagina a luz incidindo na retina ao transmitir a forma de uma elipse (uma figura oval simétrica). Será que essa imagem vem de uma elipse visualizada de frente ou de uma circunferência vista com alguma inclinação? (Ver Figura 8.1 [a].) Suponha que você olhe para um livro que está sobre a mesa. A menos que você esteja olhando para o livro bem de cima, a forma capturada pela retina será, na verdade, trapezoidal se você estiver mirando um lado do livro, por exemplo, pela parte de baixo (neste caso a aresta mais próxima criará uma imagem na retina mais longa do que a da aresta mais distante, com os dois lados inclinados em certo ângulo), ou então não-retangular se o livro estiver inclinado em relação à sua posição. (Ver figuras 8.1 [b], [c].) Não obstante,

OS OLHOS CAPTAM

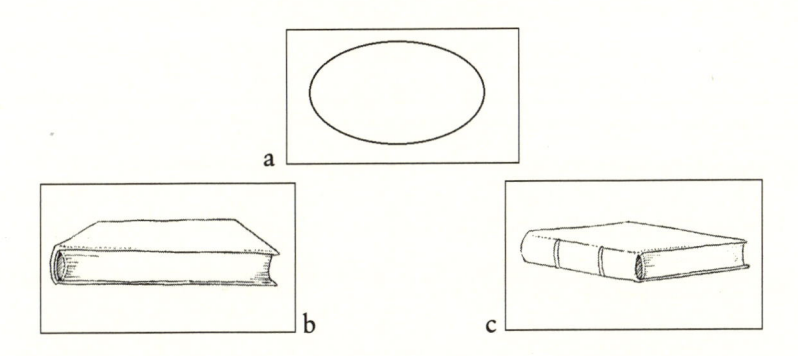

Figura 8.1 (a) Uma elipse visualizada de frente e uma circunferência inclinada criam imagens idênticas na retina. Na ausência de dicas adicionais, se nós virmos uma elipse, não poderemos saber se estamos olhando para uma elipse de verdade ou para uma circunferência. (b) Um livro retangular sobre uma mesa tem forma trapezoidal quando visto diretamente de baixo. (c) O mesmo livro, quando visto de lado, tem forma não retangular. Em ambos os casos, o observador humano vê o livro como perfeitamente retangular; o sistema visual automática e subconscientemente compensa a distorção causada pelo ângulo de visão.

você vê o livro como sendo retangular. O cérebro, quando recebe o sinal da(s) retina(s), de alguma maneira compensa as distorções causadas na imagem recebida através da geometria do mundo, em nossos exemplos, o ângulo de inclinação da circunferência em relação a seu rosto ou o ângulo pelo qual o livro está inclinado em sua direção.

Você pode considerar o problema em termos do que acontece com um único fóton de luz que deixa o objeto visualizado, passa pela lente do olho e depois atinge a retina. Do ponto de vista físico, esse fóton de luz não traz nenhuma informação sobre de onde partiu (mais precisamente, onde ele estava assim que deixou a superfície física). Podia ter emanado de um lugar a alguns centímetros do olho ou a muitos quilômetros. Uma maneira de determinar a que distância estava o ponto inicialmente

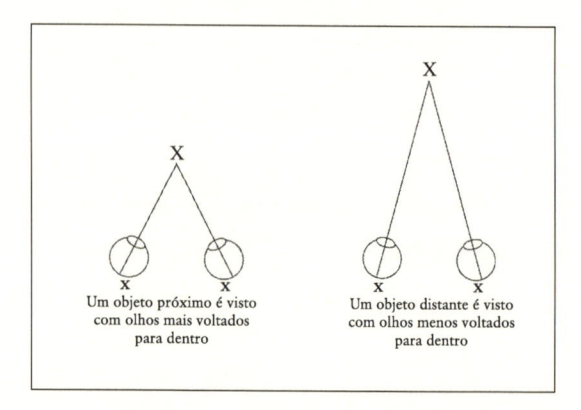

Figura 8.2 Quanto mais próximos estamos de um objeto, mais nossos globos oculares precisam voltar-se para dentro para enfocá-lo. Um cálculo de trigonometria elementar pode determinar a distância do objeto a partir do ângulo de rotação dos olhos em direção ao centro.

(isto é, onde exatamente estava o pedaço do objeto que está sendo enxergado) é medir o ângulo entre os dois olhos quando ambos estão focalizados exatamente nesse ponto. Esse é um mecanismo realmente importante (entretanto não é o único) que o cérebro usa para determinar a distância, e ele requer matemática — neste caso, trigonometria. (Ver Figura 8.2.)

Outra maneira de determinar distância é medir o quanto a lente do olho deve curvar-se para focalizar o objeto. As lentes desviam a luz que passa através delas de forma que os fótons emanados por uma mesma região do objeto convirjam para o mesmo local na retina. Quanto mais perto estiver o objeto, mais a lente deve curvar a luz, para colocá-lo em foco. Até que grau uma lente pode desviar a luz depende (por uma fórmula matemática consideravelmente sofisticada) da curvatura de seus dois lados, isto é, do quanto as superfícies se curvam, assumindo a forma de uma tigela. As lentes no olho contêm uma bolsa cheia de fluido cuja forma pode ser alterada pelos músculos. Ajustando a curvatura da superfície das lentes, o olho pode focalizar objetos a distâncias variadas. O sistema muscular-visual do olho evoluiu de forma que o grau com que o músculo altera a curvatura fornece informações sobre a distância do objeto. (Ver Figura 8.3.)

Mas a matemática (congênita) não é o suficiente. A visão também exige que a mente faça várias suposições sobre o que está enxergando, suposições baseadas na experiência prévia que temos do mundo. Algumas dessas suposições vêm do ambiente em que nossos antepassados evolutivos viveram, tendo sido incorporadas pela seleção natural como características automáticas de nosso sistema visual; outras vêm de nossa própria experiência do mundo. O que vemos é condicionado pelo que, para nossos antepassados, era vantajoso ver.

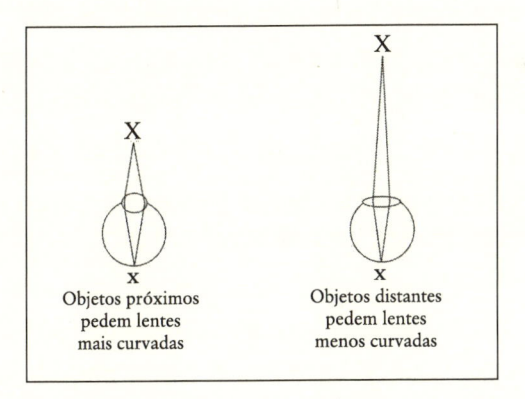

Figura 8.3 O olho focaliza um objeto alterando a forma de sua lente. Quanto mais perto estiver o objeto, maior deve ser a curvatura da superfície da lente. Uma fórmula matemática complicada liga a distância até o objeto com a curvatura da lente.

Essa é uma situação em que matemática não é o bastante. Na verdade, nem a matemática somada à evolução e à experiência é suficiente. A razão para isso é que o problema de determinar a forma verdadeira de um objeto a partir das imagens que ele projeta nas duas retinas simplesmente não tem solução. É insolúvel, não importa quantos mecanismos distintos usemos. Para qualquer imagem formada em nossas retinas, existem infinitos objetos diferentes para os quais *poderíamos* estar olhando. É por isso que os psicólogos e os ilusionistas conseguem fazer-nos de bobos levando-nos a crer que vemos algo que na verdade não está lá.

Um exemplo conhecido é o uso da perspectiva e do matiz em pinturas para dar a impressão de profundidade. Quando olhamos uma pintura ou uma fotografia, nós a vemos como se tivesse profundidade. O que nós vemos não é completamente tridimensional. Nossa mente não é, neste caso, completamente enganada. Em particular, a lente do olho pode focalizar nitidamente a tela inteira, informando-nos que estamos olhando para uma superfície plana há alguns metros de distância. Mas pelo menos parte do sistema visual é enganada ao perceber a profundidade que não existe, e assim conseguimos uma sensação parcial de três dimensões.

Uma sensação mais realista de tridimensionalidade é fornecida por um dispositivo conhecido como o estereograma, que apresenta aos dois olhos fotografias separadas, feitas com duas câmeras colocadas lado a lado, havendo entre elas a mesma distância que separa nossos olhos. (Ver Figura 8.4.) Nesse caso, a ilusão de profundidade depende de um fenômeno ótico conhecido como paralaxe binocular, descoberto pelo físico Charles Wheatstone, no século XIX.

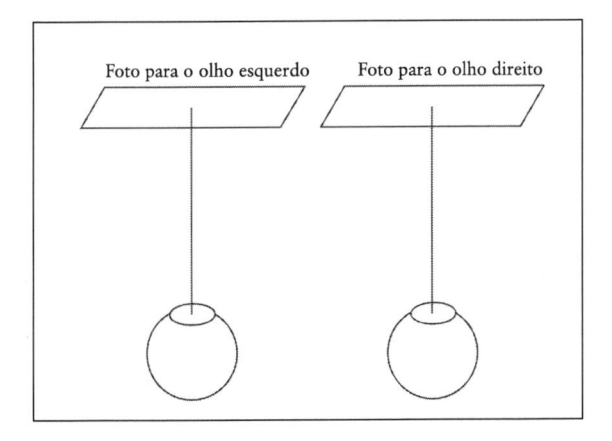

Figura 8.4 O estereograma cria a percepção tridimensional, apresentando a cada olho um retrato da cena exata que teria recebido se a houvesse observado na vida real.

O sistema visual aproveita-se da paralaxe binocular para produzir o que é conhecido como visão estéreo. A visão estéreo fornece informações sobre a posição relativa de objetos (isto é, quais objetos estão mais distantes, e a que distância relativa estão). Tanto a paralaxe binocular quanto a visão estéreo estão ilustradas na Figura 8.5.

Wheatstone criou o primeiro estereograma usando madeira e espelhos. Hoje em dia, estereogramas baratos de plástico, produzidos comercialmente, são com freqüência vendidos em pontos turísticos, com marcas como ViewMaster. O ViewMaster é um objeto parecido com uma pequena caixa, com duas lentes pelas quais o observador olha duas fotografias, em geral de uma atração turística local. Uma vez que as fotos são feitas com duas câmeras, colocadas lado a lado, separadas pela mesma distância que os olhos, o observador, ao utilizar o dispositivo, vê duas imagens quase idênticas às da cena que seus dois olhos teriam

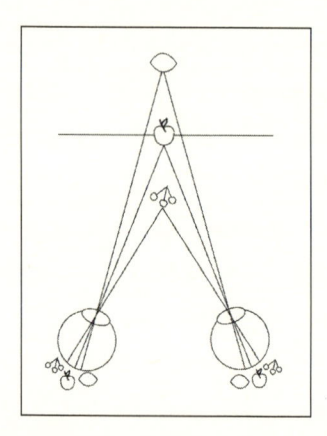

Figura 8.5. Visão estéreo. Imagine-se olhando para uma mesa em que algumas cerejas estão colocadas na frente de uma maçã, atrás da qual há um limão. Você focaliza a maçã. As imagens nas retinas das cerejas e do limão ficam agrupadas em torno das imagens da maçã, como descrito na figura. Quanto mais distante da maçã estiverem as outras frutas na mesa, maior será a separação das imagens retinianas. O sistema visual usa esse arranjo de imagens nas retinas para deduzir a posição relativa dos objetos vistos e, assim, cria uma imagem mental com percepção correta de profundidade.

captado se estivessem lá pessoalmente. Uma separação que divide o interior do dispositivo em duas partes assegura que cada olho veja somente a imagem fotográfica que deveria enxergar. As lentes servem para compensar o fato de que as fotografias são imagens planas distando apenas alguns centímetros do olho. O sistema visual tem que ser enganado (neste caso, pelas lentes) para dar a impressão de que a cena vista está realmente afastada. No estereograma original construído em laboratório por Wheatstone, as duas fotografias, que eram muito maiores do que as encontradas em um ViewMaster, eram colocadas a alguma distância, usando espelhos articulados para refletir as imagens em direção aos olhos, com uma parede de madeira separando os dois olhos. A distância era suficiente para eliminar a necessidade de lentes.

O efeito tridimensional criado nos cinemas 3D em parques de diversões como a Disneylândia e o Centro Espacial Kennedy, na Flórida, algumas vezes é alcançado pelo uso de óculos polarizadores com os quais os expectadores vêem duas imagens projetadas por meio da luz com diferentes polarizações. Há outro sistema em que o observador usa óculos de cristal líquido eletronicamente controlados que alternam de forma sincronizada entre duas imagens exibidas em uma tela de computador com rapidez suficiente para que o sistema visual não capte as mudanças. Em ambos os casos, a idéia é apresentar aos dois olhos as imagens que eles teriam visto se o observador houvesse estado presente para testemunhar a cena real. (É claro que o que torna essa técnica particularmente eficaz nos parques de diversões é o fato de que as imagens podem ser cenas fantásticas geradas por computador, oferecendo, assim, uma experiência visual aparentemente real que ele nunca poderia ter em sua vida.)

Uma primeira tentativa de produzir cinema 3D foi feita em 1905, quando as duas imagens da visão estéreo foram projetadas em vermelho e verde e o público recebeu óculos de papelão com películas vermelha e verde substituindo as lentes. O sistema produziu um efeito estereográfico, mas a qualidade geral do filme era tão ruim que o método não pegou.

A propósito, nos seres humanos a visão estéreo e os mecanismos para determinar a distância não estão completamente desenvolvidos no nascimento, mas surgem razoavelmente cedo, por volta dos três ou quatro meses de idade. Uma das evidências disso é que, antes dessa idade, as crianças mostram pouco interesse em estereogramas, mas, uma vez que se tornam capazes de perceber o efeito, normalmente o consideram fascinante. A explicação habitual para o fato não está relacionada com a necessidade de aprender a enxergar em estéreo, mas ao fato de que, como isso depende da distância entre os dois olhos, a natureza espera até que esta separação pare de aumentar, o que ocorre em torno de 12 a 16 semanas após o nascimento. As crianças ou os animais que precisam usar um tapa-olho em um dos olhos durante essa fase crucial do desenvolvimento jamais conseguem adquirir visão estéreo adequada ou a capacidade de estimar distâncias.

Um exemplo mais dramático de como se pode enganar o sistema visual é dado pelos auto-estereogramas, aquelas intrigantes imagens geradas por computador que a princípio parecem uma mistura aleatória de pontos e curvinhas, mas quando você as olha fixamente do jeito certo uma figura tridimensional aparentemente genuína salta da página ou da tela. Eles foram descobertos por acaso pelo psicólogo Christopher Tyler, ao longo de sua pesquisa sobre visão binocular.

Olhar um auto-estereograma exige que desassociemos características do sistema visual que normalmente trabalham juntas a fim de reduzir a probabilidade de que nossa mente seja enganada pelo que estamos vendo, e é por isso que a maioria das pessoas precisa de alguns segundos ou até minutos de esforço antes que se dê o efeito e seja gerada a imagem tridimensional. Alguns indivíduos alegam ser incapazes de conseguir isso, e observam perplexos os "Oohs" e "Ahhs" daqueles ao redor, maravilhados com a experiência de enxergar "genuinamente" três dimensões em algo que sabem ser uma imagem bidimensional.

A primeira vez que vi uma dessas imagens foi no início dos anos 1990, logo que chegaram ao mercado. Encontrei por acaso um grupo de pessoas em uma loja de quadros no Maine, amontoadas em volta daquele pôster, e me inquietei imaginando o que elas estariam afirmando ver. "Vá lá e dê uma olhada", me disse um dos sujeitos. Eu olhei. Nada. "Você tem que se concentrar", disse outra pessoa. "Deixe seus olhos saírem de foco", disse outra. "Olhe atrás do quadro", disse uma terceira. Eu ainda não via nada além de um padrão aleatório de pontos em três cores. Depois de uns instantes, tive a certeza de que topara com uma experiência da faculdade de psicologia. (Isso aconteceu em uma cidade universitária e todas as pessoas na loja poderiam ser estudantes.) Eu estava decidido a não dizer que conseguia ver algo que não via. Suspeitei que os pesquisadores estivessem tentando mostrar que as pessoas relutam em admitir a incapacidade de fazer algo que todo mundo consegue. Entretanto, depois de muitas tentativas, eu também descobri como deixar meu foco se deslocar para trás da imagem do jeito certo, formando a figura tridimensional — um pouquinho de cada vez, no começo, mas depois a imagem inteira: a Estátua da Liberdade, naquele caso, um dos primeiros auto-estereogramas disponíveis comercialmente.

Os auto-estereogramas funcionam "enganando" um dos mecanismos que o cérebro usa para tentar determinar onde começa o caminho de um dado fóton. Nosso cérebro assume que se uma imagem (ou parte de uma) se parece em uma retina precisamente com a imagem (ou parte dela) na outra, então ambos os olhos estão de fato focalizando exatamente a mesma figura (ou parte dela). Sob circunstâncias normais, este método (ver Figura 8.2) funciona extremamente bem. O auto-estereograma contém muitas figuras idênticas espalhadas no papel, com algumas (mas não todas) posicionadas de forma que o cérebro pense que certos pares de imagens nas duas retinas vêm da mesma figura constituinte, quando de fato elas vêm de duas figuras constituintes separadas (embora idênticas). (Ver Figura 8.6.)

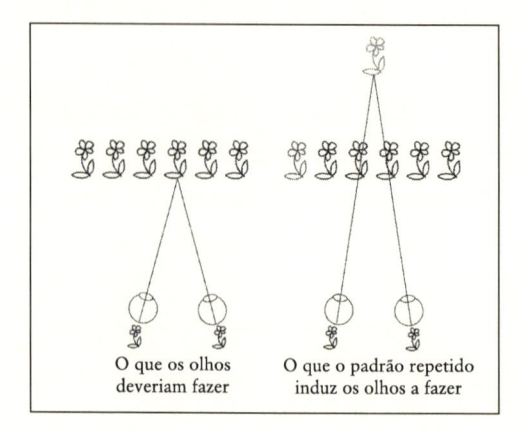

Figura 8.6 (a) O auto-estereograma engana o sistema visual, criando a percepção tridimensional. Nosso sistema visual deduz que imagens idênticas recebidas pelos dois olhos vêm do mesmo objeto. Um padrão adequadamente planejado de figuras idênticas repetidas pode confundir nossa visão ao levá-la a tomar dois elementos separados por uma única imagem situada atrás da tela, criando assim a percepção de uma terceira dimensão.

(b) Olhe fixamente para esta figura e observará três camadas distintas, os aviões no fundo, as pequenas nuvens para fora da página, e as nuvens grandes parecerão ainda mais afastadas da página. Isso não é perspectiva, mas percepção visual genuína de três dimensões.

Outro modo de enganar o sistema visual é colocá-lo em um ambiente para o qual nenhuma história evolutiva nem qualquer experiência anterior o prepararam. Essa é a base por trás daquelas surpreendentes salas tortas em que uma criança pequena pode parecer maior do que a mãe. (Você as encontra em museus, como o Exploratorium em San Francisco, ou em centros de recreação como o Mystery Spot em Santa Cruz, Califórnia). Foram inventadas pelo pintor e psicólogo Adelbert Ames Jr. A idéia é construir um aposento com formas irregulares de maneira que, quando um observador olha através de um buraco, como um olho mágico (de cuja posição todo o projeto do quarto depende crucialmente), parece tratar-se de um cômodo retangular normal. Para isso, as paredes, o chão e o teto se encontram em ângulos apropriados e recebem linhas desenhadas (para gerar a impressão de paralelismo e perpendicularismo entre eles) e algumas vezes possuem também objetos cuidadosamente localizados e projetados para parecerem normais, embora de fato sejam bastante irregulares. (Ver Figura 8.7.) Quando um observador olha pelo buraco,

Figura 8.7. Uma casa torta. Construindo cuidadosamente um aposento muito irregular de forma que pareça uma sala comum e retangular quando visto através de um buraco em uma parede, Adelbert Ames Jr. criou um ambiente no qual uma criança pequena parece ser maior do que sua mãe.

todas as pistas visuais lhe dizem que o que está vendo é um aposento perfeitamente comum. Assim, o sistema visual formado pelo cérebro e pelo olho processa a cena como se fosse exatamente isso. O resultado é que o observador automática e subconscientemente ajusta as alturas da mãe e da criança para que combinem com o ambiente. Já que nossa mente sabe que quanto mais distante estiver um objeto, menor ele parecerá, a filha, que parecerá estar muito mais longe do que a mãe, quando na verdade está muito mais perto, será vista como se fosse maior.

Podemos experimentar uma ilusão similar quando olhamos para a Lua. Quando está muito baixa no céu noturno, próximo ao horizonte, parece muito maior do que quando a vemos alta no céu. Obviamente, a Lua não muda seu tamanho dependendo de onde esteja. Na verdade, quando ela está perto do horizonte, o chão fornece um referencial para a comparação de distâncias. Nosso sistema visual consegue nos mostrar que ela está muito mais distante do que qualquer coisa no solo, e assim, vendo a Lua e o chão próximos, automaticamente ajusta o tamanho visto da Lua, tornando-a maior. Quando a Lua está alta no céu, contudo, nosso sistema visual não consegue fazer nenhuma comparação deste tipo e assim não faz nenhum ajuste.

Outro fenômeno que o sistema visual utiliza para auxiliar na produção da visão tridimensional depende do movimento. Qualquer um que tenha visto o filme *Guerra nas estrelas* (ou muitos outros como este) ou ainda a série de televisão *Jornada nas estrelas* saberá que o simples recurso de colocar na tela pontos de luz movendo-se do centro em direção às extremidades cria a sensação poderosa de que o telespectador está se projetando para a frente pelo meio da tela. (Alguns protetores de tela de computador geram o mesmo efeito.) Isso ocorre porque a mente aprendeu, ao longo da evolução, a interpretar esse tipo de movimento externo como deslocamento desses objetos para trás do observador. Se nossos antepassados tivessem constantemente contato com essas imagens em telas como parte de seu ambiente cotidiano, nossa mente não teria aprendido a interpretar esses sinais como indicativos de movimento frontal.

A propósito, a matemática que relaciona o movimento externo em uma tela plana com a sensação de vôo tridimensional para dentro da tela (ou, na direção contrária, caso o movimento dos pontos ocorra de fora para dentro) é a desafiadora trigonometria tridimensional (também conhecida como geometria sólida). Ninguém sugeriria que a mente de um fã de *Guerra nas estrelas* faz esses cálculos matemáticos de forma explícita. O que acontece, novamente, é que a evolução pela seleção natural produziu um cérebro que "faz a matemática" automaticamente.

A natureza tem ainda outros métodos para nos ajudar a enxergar em profundidade. Em particular, a experiência evolutiva nos levou a deduzir (automaticamente) a profundidade a partir de efeitos de fontes de luz e sombra, de densidade e de claridade de objetos em uma cena, de efeitos de perspectiva, e de cantos e arestas com ângulos. A Figura 8.8 ilustra esses mecanismos.

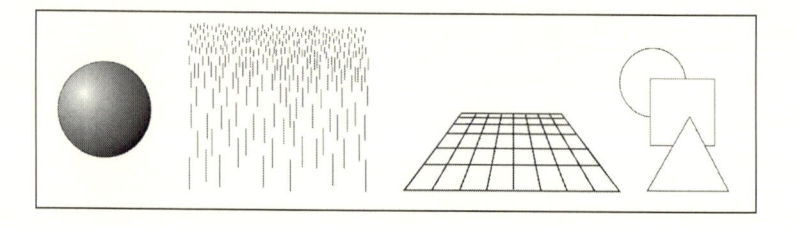

Figura 8.8. As pistas que nossa mente usa para determinar a profundidade em uma cena visual (da esquerda para a direita):
(a) Fonte de luz e reflexo/sombreamento;
(b) Densidade crescente e baixa resolução;
(c) Geometria de perspectiva;
(d) Oclusão: se uma imagem parece esconder outra, o sistema visual deduz que um objeto está na frente do outro no campo visual; 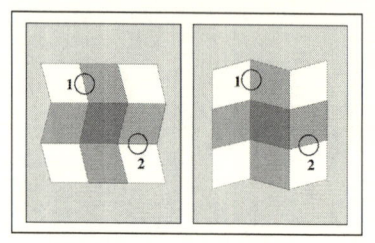
(e) Cantos e arestas com ângulos: observe como os ângulos entre as superfícies afetam o modo como interpretamos o matiz nas duas figuras, embora, nos dois quadrados, os matizes sejam idênticos. Na figura da esquerda, vemos a fronteira 1 como uma borda de coloração e a fronteira 2 como um ângulo entre dois planos; na figura da direita, vemos a fronteira 1 como um ângulo e a fronteira 2 como uma borda de coloração. 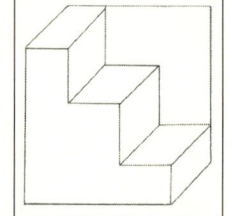
(f) Extremidades com ângulos: às vezes uma imagem bidimensional (por si só) é insuficiente para determinar o objeto tridimensional que descreve. Podemos ver esta imagem tanto como uma escada vista de cima quanto como uma escada de cabeça para baixo, vista de baixo para cima.

Por fim, existe a enigmática pergunta de como é que reconhecemos os objetos, quaisquer que sejam suas posições em relação a nós. (Os fotógrafos algumas vezes conseguem encontrar visualizações tão pouco familiares de objetos comuns a ponto de termos dificuldade em reconhecê-los, mas são de ângulos bastante incomuns que dificilmente surgiriam na vida cotidiana e

OS OLHOS CAPTAM

em geral envolvem uma visão em *close* de um objeto normalmente visto a maior distância.) Já deve ser óbvio o motivo pelo qual isso constitui um quebra-cabeça: o conjunto de imagens nas retinas é uma projeção bidimensional do objeto. É bem verdade que a mente pode então recriar a profundidade usando alguns ou todos os truques que já mencionamos. Mas o resultado poderia ser uma representação mental bastante diferente das visualizações mais familiares do objeto em questão. (Considere, por exemplo, as três visões de uma mala mostradas na Figura 8.9.)

Pesquisas recentes parecem ter chegado à resposta. Aparentemente muitos objetos trazem seus próprios padrões de referência — seus próprios sistemas de coordenadas x, y, z, se você preferir. Quando a mente recebe a imagem de um objeto, ela

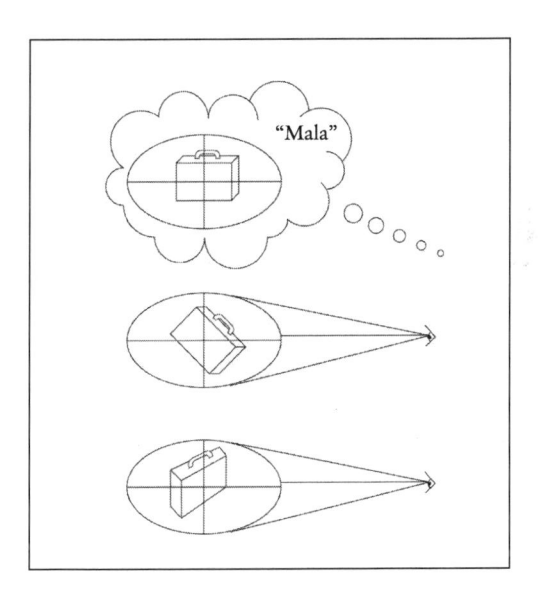

Figura 8.9. Identificação de objetos. Como reconhecemos uma mala, qualquer que seja sua posição em relação a nós?

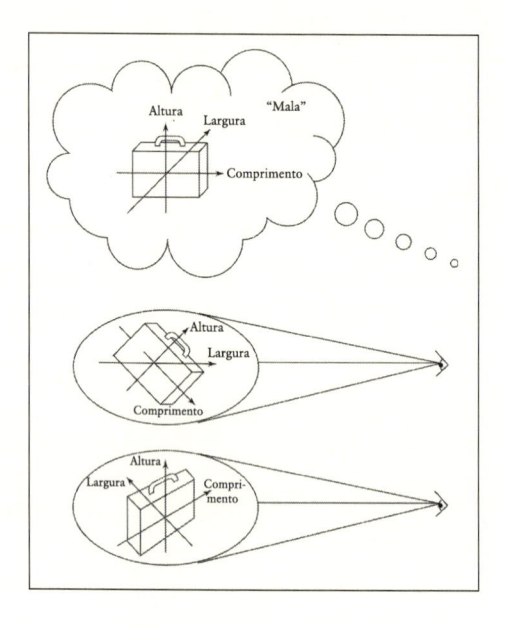

Figura 8.10. Identificação de objetos. Uma teoria atual sugere que todos os objetos possuem um referencial preferencial, ou um sistema de eixos, e que nós reconhecemos um objeto em relação a seus eixos preferenciais. Por exemplo, esta figura mostra como a mala parece sempre igual com relação a seu sistema de coordenadas preferencial, embora ela pareça diferente relativamente ao observador.

anexa tais coordenadas e identifica o objeto em relação ao padrão preferencial. (A Figura 8.10 ilustra esse fato no caso das imagens da mala da Figura 8.9.)

Essa teoria sugere que quando a mente encontra um objeto que não reconhece imediatamente por experiência ela faz uma rotação mental dele sobre seus eixos preferenciais até que obtenha algo conhecido. O trabalho experimental em psicologia indica que isso pode muito bem ser o que de fato acontece, já que o tempo que se leva para reconhecer uma representação pouco comum de um objeto aumenta de forma linear com o número de rotações necessárias para colocá-lo em uma posição conhecida.

OS OLHOS CAPTAM

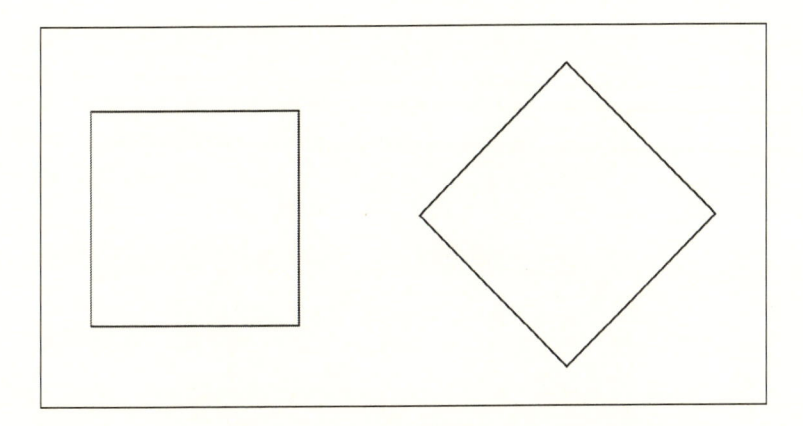

Figura 8.11. Orientação. Figuras idênticas podem parecer diferentes sob diferentes orientações. Nós vemos a figura da esquerda como um quadrado e a da direita como um losango, embora ambas tenham formas idênticas.

Para se ter uma idéia de como um referencial pode afetar o modo como vemos um objeto, compare um quadrado exibido com um lado horizontal e um quadrado idêntico girado 45 graus, como na Figura 8.11. Todo mundo vê a primeira figura como um quadrado e a segunda como um losango.

A Figura 8.12 mostra o efeito que pode ter um referencial. A figura à direita parece um losango quando agrupada com as figuras à sua esquerda, e um quadrado quando agrupada com as figuras na parte de baixo.

Seria possível relacionar outros aspectos da visão, mas já cobrimos os principais mecanismos nela envolvidos. Certamente, abordamos aspectos suficientes para deixar claro não apenas que vemos com nossa mente, como também que, para recriar uma imagem mental tridimensional a partir das duas imagens retinianas bidimensionais produzidas nos olhos, nossa mente tem que realizar um trabalho considerável. Além disso, a maior parte das

O INSTINTO MATEMÁTICO

Figura 8.12. Referenciais. O mesmo objeto pode parecer muito diferente com respeito a diferentes referenciais. O desenho no alto à direita parece um losango quando agrupado com as figuras à sua esquerda e um quadrado quando agrupado com as figuras abaixo dele.

técnicas isoladas utilizadas (de forma completamente automática e subconsciente) envolve matemática inata e parte dela bastante sofisticada. No sentido de habilidades que, sob condições humanas conscientes, só podem ser descritas como matemática, parece que a visão constitui-se de um processo muito mais matemático do que se pode imaginar.

9
Animais na aula de matemática

Os exemplos de façanhas matemáticas de animais que vimos até agora, embora sem dúvida impressionantes, não estão completamente de acordo com o que costumamos definir como "fazer matemática". Com relação à matemática do crescimento e da forma (Capítulo 6), pode-se argumentar que a natureza *explorou* a matemática para que os animais desenvolvessem determinados padrões de pele ou para que as plantas crescessem de forma mais eficiente. No caso da matemática envolvida no movimento ou na visão binocular (capítulos 7 e 8), a seleção natural simplesmente produziu criaturas cuja construção física *incorporou* a matemática adequada. Isso se verifica até quando as criaturas em questão somos nós. Quando nosso cérebro cria em nossa mente uma imagem tridimensional do mundo a partir das duas imagens bidimensionais formadas nas retinas de nossos dois olhos, não estamos fazendo nenhum uso consciente de trigonometria. Não precisamos ir à escola para aprender a executar esse feito. Na verdade, nosso cérebro simplesmente é constituído de tal modo que automaticamente realiza essa tarefa com os sinais que recebe dos olhos.

Por outro lado, os exemplos que encontramos nos capítulos 4 e 5, como a capacidade de navegação da formiga do deserto tunisiano, a migração de aves e peixes ou a ousadia arquitetônica e a capacidade de orientação das abelhas definitivamente envolvem atividade mental. Além disso, quando nós mesmos executamos este tipo de atividade mental, a tratamos como pensamento (possivelmente subconsciente). Mas será que podemos realmente dizer que as criaturas (incluindo-nos na pergunta) estão "fazendo matemática"? É razoável pensar que o "matemático" digno dos créditos nesses casos não é nenhum indivíduo, seja formiga, ave, peixe ou abelha, mas a natureza agindo sob a forma da seleção natural. A atividade mental da formiga, das aves, dos peixes ou das abelhas é puramente instintiva. Em cada caso, centenas de milhares de anos de evolução produziram um cérebro constituído especialmente para executar uma ou duas computações cruciais que asseguram a sobrevivência da criatura.

Mas só porque o cérebro da formiga do deserto, do azulão, da abelha ou a visão humana fazem alguns cálculos automaticamente, como uma questão instintiva, não quer dizer que o processo se torne menos matemático ou deixe de ser uma tarefa mental. Afinal de contas, nós nos impressionamos (adequadamente) quando um supercomputador resolve uma equação difícil e certamente é correto chamar isso de "matemática", embora o computador não tenha consciência nem qualquer tipo de conhecimento do que está fazendo. Assim, se estivermos preparados para admitir que os computadores — objetos completamente inanimados — podem fazer matemática, por que deveríamos considerar menos dignas de nota ou de classificação apropriada as realizações de seres vivos?

Mas você pode ainda acreditar que existe uma distinção entre matemática natural e o tipo de matemática que aprendemos na escola. Eu também penso assim. E a diferença é precisamente a seguinte: o tipo de processo mental que nós normalmente chamamos de matemática envolve a *manipulação mental de números, e outros conceitos*. As habilidades aritméticas de bebês humanos que vimos no Capítulo 1 definitivamente são deste tipo, embora as próprias crianças não estivessem conscientes de que "faziam matemática". E eis nossa questão fundamental: o homem é o único com essa possibilidade? Ou outro animal tem habilidades numéricas? Será que algum outro animal possui os conceitos de 1, 2 e 3? Eles podem usar aritmética? Eles conseguem, como os seres humanos, *aprender* matemática?

A resposta é um sim categórico. E não estamos falando só de macacos e chimpanzés, nossos vizinhos mais próximos na árvore evolutiva. Criaturas que têm um cérebro pequeno, como os ratos e as aves, também têm habilidades numéricas que podem ser aperfeiçoadas com treinamento.

Ratos!

As habilidades numéricas dos ratos estão particularmente bem documentadas. (Por que ratos? Por uma razão simples: na ciência, há uma longa tradição no uso de ratos para experiências de laboratório; eles estão facilmente disponíveis, são de fácil manipulação e a maioria das universidades e laboratórios de pesquisas tem instalações que podem acomodá-los.)

A primeira prova convincente de que os ratos têm habilidades numéricas foi obtida nas décadas de 1950 e 1960 pelo americano Francis Mechner, psicólogo de animais. Em uma experiência, Mechner privou um rato de alimento por um período curto e em seguida colocou-o em uma caixa fechada com duas alavancas, A e B. A alavanca B estava conectada a um mecanismo que oferecia uma pequena quantidade de comida. Contudo, a fim de ativar a alavanca B, era necessário primeiro empurrar a alavanca A um número determinado de vezes (n). Além disso, se o rato pressionasse a alavanca A menos do que n vezes e depois empurrasse a alavanca B, não só não recebia comida, como também levava um pequeno choque elétrico. Desse modo, a fim de obter alimento, o rato tinha que aprender a pressionar a alavanca A n vezes e depois empurrar a alavanca B.

Com a repetição do experimento, os ratos aos poucos aprenderam a estimar o número de vezes que tinham que pressionar a alavanca A antes de utilizar a alavanca B. Assim, se o aparato estava arranjado de forma que A devesse ser pressionada quatro vezes antes da B, então, com o passar do tempo, os ratos aprendiam a apertar alavanca A mais ou menos quatro vezes antes de comprimir a B.

Devemos observar que os ratos nunca aprenderam a pressionar a alavanca A *exatamente* quatro vezes em todas as ocasiões. Na verdade, a tendência deles era superestimar, apertando quatro, cinco ou até seis vezes. Considerando que eles recebiam um choque desagradável se apertassem a alavanca A menos de quatro vezes, essa estratégia do "jogo seguro" faz sentido. Em todo caso, parecia que as cobaias conseguiam estimar quatro apertos. Igualmente, ratos colocados em um aparato montado de forma que a alavanca A tivesse que ser pressionada oito vezes aprenderam a apertá-la mais ou menos oito vezes. De fato, resultados positivos foram obtidos com o aparato ajustado a até 16 compressões da alavanca A.

Para eliminar a possibilidade de que os ratos estivessem estimando o tempo em vez do número de compressões, Mechner e um colega, Laurence Guevrekian, fizeram uma série subseqüente de testes em que variaram o grau de privação de alimento. Quanto mais famintos estivessem os ratos, mais rapidamente apertavam a alavanca. Não obstante, apesar da taxa de compressão muito mais rápida, os ratos treinados para pressionar a alavanca A quatro vezes continuavam a fazer isso, e o mesmo acontecia com os ratos condicionados com outros números. O tempo não era o fator relevante; os ratos estavam estimando a quantidade.

Observe que eu continuo usando a palavra "estimativa". Mechner não afirmou que os ratos contavam. O que a experiência mostrou é que, mediante treinamento, os ratos podem adaptar seu comportamento para pressionar uma alavanca *aproximadamente* um certo número de vezes. Pode ser que eles estivessem de fato contando, embora mal. Mas não existe nenhuma prova disso. Também é possível (e eu acho que muito mais provável) que estivessem simplesmente *avaliando* ou *estimando* o número de compressões e, além disso, fazendo-o com tal habilidade que nós mesmos só conseguiríamos igualar se contássemos. Os ratos têm, aparentemente, uma percepção genérica de números.

Uma pergunta natural a ser formulada é que vantagem evolutiva para os ratos fez com que a seleção conduzisse a essa percepção de número? O que um rato ganharia sendo capaz de estimar números? Uma possibilidade seria a necessidade de recordar informações de localização, como o fato de seu buraco ser o quarto após a terceira árvore. (Na verdade, quando você pára e pensa no assunto, percebe que uma noção básica de números é extremamente útil na tarefa de encontrar *seu* caminho pelo mundo.) Também é útil para não perder de vista outros animais das redondezas, sejam eles amigos ou inimigos em potencial.

De novo as aves

As aves também têm mostrado que possuem habilidades numéricas semelhantes. Um dos primeiros pesquisadores que atestaram isso foi o alemão Otto Koehler nas décadas de 1940 e 1950, embora, por motivos que explicarei a seguir, as observações de Koehler não tenham sido completamente consideradas antes do trabalho de Mechner.

Koehler mostrou que as aves possuem tanto a capacidade de comparar os tamanhos de dois conjuntos exibidos simultaneamente quanto a capacidade de lembrar de quantidades de objetos apresentados em seqüência, ambas pré-requisitos importantes para a aritmética.

Em um experimento, duas caixas foram repetidamente apresentadas a um corvo chamado Jakob, uma das quais continha comida. As tampas das caixas estavam marcadas com diferentes quantidades de bolinhas, organizadas aleatoriamente. Um cartão colocado ao lado das duas caixas trazia o mesmo número de bolinhas (embora arranjadas de maneira diferente) da tampa da caixa com o alimento. Após muitas repetições, o corvo acabava aprendendo que, a fim de obter alimento, deveria abrir a caixa cuja tampa continha o mesmo número de marcações que o cartão. Desse modo, ele acabava se tornando capaz de distinguir 2, 3, 4, 5 e 6 bolinhas.

Em outra experiência, Koehler treinou gralhas para que abrissem as tampas de uma série de caixas a fim de obter comida até que tivessem chegado a um determinado número de pedaços de alimento, por exemplo, 4 ou 5. Cada caixa continha 0, 1 ou 2 pedaços, distribuídos aleatoriamente a cada repetição do experimento, de forma que não existisse nenhuma possibilidade de as aves basearem seus atos em outra característica, como o tamanho da série de caixas que abriam. Na verdade, elas precisavam manter uma estimativa íntima de quantos pedaços de comida já tinham conseguido; em nossos termos, elas deviam contar o número de pedaços que haviam comido.

Outro exemplo das habilidades numéricas das aves vem de Irene Pepperberg, que treinou Alex, seu papagaio cinza africano, para dizer o número de objetos apresentados a ele em uma bandeja, uma tarefa que exige que a ave não apenas diferencie quantidades (ou numerosidade) como também associe uma resposta vocal correta a cada número.

Muitas espécies de aves exibem uma percepção de números na contagem do tempo pelo qual repetem uma determinada nota em seu canto. Sabemos que isso envolve uma percepção genuína de números, porque membros de uma mesma espécie de ave, nascidos e criados em regiões distintas, adquirem um "dialeto local", com o número de repetições de uma nota variando de um local para o outro. Assim, embora muitos aspectos do canto característico de uma ave possam ser geneticamente determinados, o número de repetições de uma nota parece ser adquirido pelo animal ainda jovem pela imitação de aves mais velhas, sobretudo os pais. Por exemplo, um canário jovem criado em uma área pode repetir uma determinada nota seis vezes, enquanto um canário criado em outro lugar repetirá a mesma nota sete vezes. Uma vez que o número de repetições é constante para cada ave, isso significa que ela consegue "reconhecer" o número particular de repetições em seu canto.

Quantos leões?

Como notamos anteriormente, uma vantagem óbvia para a sobrevivência (e conseqüentemente um possível fator evolutivo de seleção) contida na percepção de número — em particular na capacidade de comparar quantidades de objetos em conjuntos — reside no apoio que fornece a grupos de animais para decidir quando ficar e defender seu território e quando se retirar para um lugar seguro. Se o número de defensores for maior do que o de atacantes, pode fazer sentido ficar e lutar, mas, se houver mais atacantes, a estratégia mais sensata pode ser fugir. Essa sugestão foi posta à prova alguns anos atrás pela pesquisadora Karen McComb e colegas. Eles exibiram gravações de leões rugindo para pequenos grupos de leoas no Parque Nacional do Serengeti, na Tanzânia. Quando o número de rugidos diferentes era maior do que o número de leoas no grupo, estas retrocediam; mas quando havia mais fêmeas no grupo do que rugidos diferentes, elas guardavam seu território e se preparavam para atacar os intrusos. Parecia que eram capazes de comparar o número de rugidos que *ouviam* com o número de leoas que *observavam*, uma tarefa que requer a abstração de número em conjuntos encontrados por dois sentidos diferentes, audição e visão.

Outra possível vantagem para a sobrevivência trazida pela capacidade de comparar números de objetos em conjuntos (conforme observamos anteriormente) consiste no fato de ser mais eficiente gastar energia subindo uma árvore com muitos frutos do que em outra menos carregada.

Cuidado com o cavalo que sabe contar

Agora me permitam explicar por que a pesquisa de Otto Koehler com aves não foi aceita de início. A história ilustra até que ponto é preciso ser cuidadoso ao fazer pesquisa sobre habilidades mentais, particularmente com animais.

Os pesquisadores alemães, em particular, ficaram sob suspeita quanto a afirmações de façanhas mentais executadas por animais após o caso de Wilhelm Von Osten e seu cavalo, Hans. No princípio do século XX, Von Osten afirmou que depois de dez anos de esforços obtivera êxito em ensinar aritmética a Hans. Ambos, cavalo e dono, logo se tornaram celebridades e os jornais alemães noticiaram histórias sobre o "Inteligente Hans".

Em uma demonstração típica, poderíamos ver Von Osten e seu cavalo cercados por um público ávido. "Pergunte a ele quanto é três mais cinco", alguém gritava. Von Osten escrevia a soma em um quadro-negro e mostrava ao cavalo, que cuidadosamente batia com o casco no chão exatamente oito vezes. Em outras vezes, Von Osten mostrava a Hans duas pilhas de objetos com, por exemplo, quatro itens em uma e cinco na outra pilha. Hans batia seu casco nove vezes.

Ainda mais impressionante, Hans aparentemente conseguia adicionar frações. Se Von Osten escrevesse as duas frações ½ e ⅓ na lousa, Hans batia o casco cinco vezes, depois fazia uma pausa e batia mais seis vezes, dando a resposta correta, ⅚.

É claro que muitas pessoas suspeitaram de um truque. Em 1904, um comitê de especialistas se reuniu para investigar o assunto, entre eles o eminente psicólogo alemão Carl Stumpf. Depois de observar atentamente uma apresentação, concluiu que era verdade — Hans realmente conseguia usar a aritmética.

Uma pessoa, contudo, não se convenceu com a conclusão do comitê. Oskar Pfungst, aluno de Stumpf, insistiu em fazer mais testes. Pfungst escreveu ele mesmo as questões no quadro-negro e o fez de tal modo que Von Osten não podia ver o que estava escrito. Isso permitiu a Pfungst fazer algo que Stumpf não havia feito. Em algumas ocasiões, Pfungst escrevia a pergunta que lhe apresentavam. Em outras, ele a modificava. Sempre que Pfungst escrevia a questão que lhe pediam, Hans conseguia acertá-la. Mas quando ele mudava a pergunta, Hans dava a resposta errada — na verdade, ele respondia à pergunta que Von Osten *pensava* que tinha sido apresentada ao cavalo.

A conclusão era inevitável: Von Osten fazia os cálculos. Através de uma dica sutil, talvez uma sobrancelha erguida ou um leve dar de ombros, ele indicava a Hans o momento de parar de bater o casco no chão. Como Pfungst admitiu, Von Osten podia até não ter consciência disso. Tendo trabalhado tanto para treinar o cavalo, Von Osten queria muito que seu companheiro quadrúpede tivesse sucesso. Pode ser que ele ficasse muito tenso quando o número de batidas do casco de Hans chegava ao número crucial, de forma que Hans conseguisse captar alguma manifestação externa daquela tensão. Assim, enquanto a investigação de Pfungst mostrava que a apresentação de Hans não exigia uma capacidade incomum para a aritmética, mostrava também que os seres humanos podem se comunicar com os cavalos por meio de atos sutis.

O caso do Inteligente Hans mostrou a importância de planejamento adequado para qualquer experiência em psicologia, de forma a eliminar toda possibilidade de comunicação mediante pistas sutis. Infelizmente, esse acontecimento tornou extremamente difícil que afirmações subseqüentes sobre habilidades aritméticas de animais fossem levadas a sério. E, todavia, nada do que Pfungst fez mostrava que os animais não podiam ter percepção de números. Ele simplesmente mostrou que *no caso de Hans* devia ser Von Osten que efetuava os cálculos, não o cavalo.

Chimpanzés

Voltando às habilidades numéricas que os animais realmente possuem, se ratos e aves podem lidar com alguma aritmética, o que podemos dizer dos chimpanzés? Considerando a proximidade da espécie com a do homem, poderíamos esperar que eles exibissem a percepção de número mais bem desenvolvida. Será que os chimpanzés de fato têm alguma habilidade aritmética? Foi esta questão que Guy Woodruff e David Premack, da Universidade da Pensilvânia, resolveram investigar entre o final dos anos 1970 e o início dos 1980.

Para os padrões da maioria das pessoas, Woodruff e Premack começaram almejando alto. Em sua primeira experiência, os dois pesquisadores mostraram que os chimpanzés podem entender frações. Por exemplo, eles mostraram ao chimpanzé um copo cheio pela metade com um líquido colorido e depois fizeram o animal escolher entre dois outros copos, um cheio pela metade e o outro até três quartos. As cobaias não tiveram nenhuma dificuldade para dominar essa tarefa. Mas será que o chimpanzé estava baseando sua seleção no volume de água no copo ou na fração do volume total que representava a parte com líquido? A resposta a essa pergunta foi obtida tornando a tarefa mais abstrata. Dessa vez, depois de mostrar ao chimpanzé um copo cheio até a metade de líquido, por exemplo, era exibida metade de uma maçã ao lado de três quartos de outra. O chimpanzé, de forma coerente, pegava a metade da maçã em detrimento dos três quartos. A mesma coisa aconteceu quando se mostrava ao chimpanzé metade de uma torta contra um quarto de torta. De fato, sempre que tinha que escolher entre um quarto, metade e três quartos, o chimpanzé conseguia determinar a fração correta. Sabia, por exemplo, que um quarto de um copo de leite corresponde à fração de um copo inteiro igual à quarta parte de uma torta em relação a uma torta inteira.

Muitas outras experiências foram realizadas com chimpanzés para mostrar que eles têm capacidade para aritmética básica. Por exemplo, em uma experiência realizada em várias ocasiões, apresentavam-se a um chimpanzé duas alternativas. Em uma bandeja eram colocadas duas pilhas de chocolates, uma com três chocolates e outra com quatro. Em outra bandeja havia uma pilha de cinco chocolates junto a outro chocolate que formava sua própria pilha. O aparato era instalado de forma que o chimpanzé pudesse escolher apenas uma bandeja. Qual ele escolhe? Se baseasse sua seleção na maior pilha que vê, deveria escolher a bandeja com a pilha de cinco chocolates. Mas se ele conseguisse fazer o cálculo para determinar o número total de chocolates em cada bandeja, perceberia que a primeira tem um total de sete chocolates enquanto a outra tem somente seis. Na maioria das vezes, sem nenhum treinamento especial, o chimpanzé escolhe a bandeja com sete chocolates, mostrando que pode, de fato, determinar que bandeja tem o maior número total de chocolates. Em outras palavras, o chimpanzé consegue, novamente no sentido da estimativa e não do cálculo exato, fazer as adições $3 + 4 = 7$ e $5 + 1 = 6$ e, além disso, pode perceber que 6 é menor do que 7.

Em muitos aspectos, a capacidade de aproximação numérica demonstrada por ratos e chimpanzés é semelhante à capacidade inata de estimativa que o homem possui. Mas os seres humanos podem contar com precisão e são capazes de usar a aritmética de forma exata utilizando símbolos para denotar números. Assim, a aritmética pode ser executada de forma essencialmente lingüística, pela manipulação de símbolos de acordo com regras precisas. Uma pergunta que surge naturalmente em nossa mente é: podemos ensinar notação simbólica a chimpanzés?

A resposta é sim, até certo ponto. Uma das primeiras experiências bem-sucedidas aconteceu na década de 1980, quando Tetsuro Matsuzawa, um pesquisador japonês, ensinou um chimpanzé chamado Ali a usar corretamente os nove numerais arábicos: 1, 2, 3, 4, 5, 6, 7, 8, 9. Em testes, Ali conseguia utilizar esses numerais com uma precisão de até 95% para indicar a quantidade de objetos em um conjunto apresentado a ele. Ali podia reconhecer à primeira vista o número de objetos em um conjunto de três ou menos elementos, mas recorria à contagem para conjuntos maiores. Ali também conseguia ordenar os numerais de acordo com sua magnitude.

Várias pesquisas subseqüentes produziram resultados similares. Um dos mais impressionantes até hoje é o trabalho de Sarah Boyson com sua chimpanzé Sheba. Boyson dá a Sheba um conjunto de cartões, em cada um dos quais está impresso um único dígito entre 1 e 9. Sheba consegue associar corretamente cada um dos dígitos impressos a um conjunto de objetos apresentado contendo de um a nove objetos. Além disso, a chimpanzé também é capaz de fazer adições simples que lhe são indicadas simbolicamente. Por exemplo, se Boyson segurar cartões que contêm os numerais 2 e 3, Sheba conseguirá com sucesso escolher o cartão que traz o numeral 5.

Mas, por mais impressionantes que possam parecer, será que os chimpanzés estão à nossa altura quando se trata de habilidade numérica? Para falar a verdade, não. Foram necessários muitos anos de treinamento lento e diligente para alcançar o tipo de desempenho exibido por Sheba e outros chimpanzés, macacos e golfinhos em tais experiências. O desenvolvimento do vínculo entre símbolos abstratos e os conjuntos de objetos aos quais eles podem ser aplicados é um processo longo e árduo. E mesmo então os resultados nunca são totalmente precisos e são limitados a conjuntos muito pequenos. É bem diferente do que acontece com os seres humanos. As crianças pequenas levam apenas alguns meses para compreender os números. E, uma vez que o fazem, isso se dá em sentido amplo e preciso. Quando se trata de números, os seres humanos realmente são muito melhores do que todos os outros animais. E eu não estou falando só dos caras que têm jeito para matemática ou do pessoal da área tecnológica, eu me refiro a todo mundo.

ANIMAIS NA AULA DE MATEMÁTICA

Onde os seres humanos — pelo menos muitos de nós — encontram problemas não é na contagem, mas na aritmética. Agora, se nós lidássemos com números maiores simplesmente estendendo a capacidade que temos para manipular números pequenos quando contamos com apenas alguns dias de vida, seria seguramente improvável que tantas pessoas chegassem a acreditar que lhes falta uma aptidão natural para a matemática. Presumivelmente, então, nós usamos métodos diferentes para lidar com a aritmética de números maiores do que 3. Quais são esses métodos? Aprendemos alguns na escola (ou pelo menos nos ensinam alguns lá) e então vamos agora tratar da matemática escolar. Mas a escola não é o único lugar onde as pessoas aprendem matemática e, de acordo com a evidência que vou apresentar a seguir, não é o lugar mais eficaz para esse aprendizado. Começaremos com uma excursão à América do Sul.

10
Na ponta da língua: Os truques matemáticos dos vendedores de rua e dos consumidores em supermercados

Imagine que você está na América do Sul. Você está caminhando por uma feira de rua lotada e barulhenta. Na verdade você está na cidade do Recife, no Brasil, mas poderia ser qualquer uma dentre as dezenas de cidades na América do Sul. Você caminha até uma das barracas, onde um menino de 12 anos com pouca instrução, morador de uma região pobre, vende cocos.

— Quanto é um coco? — pergunta você.
— Trinta e cinco — responde ele com um sorriso.
— Quero dez cocos — diz você. — Quanto é dez cocos?
O menino hesita por um momento antes de responder. Pensando alto, ele diz:
— Três são 105, com mais três é 210 (pausa). Tá faltando quatro. É (pausa) parece que é 350.

Esse trecho foi extraído de um relatório escrito alguns anos atrás por três pesquisadores, Terezinha Nunes, da Universidade de Londres, da Inglaterra, e Analucia Dias Schliemann e David William Carraher, da Universidade Federal de Pernambuco, em Recife, Brasil.* Os três pesquisadores saíram nas feiras de Recife com um gravador, portando-se como compradores comuns nos mercados. Em cada barraca, eles propunham ao jovem comerciante uma transação planejada para testar uma habilidade aritmética particular.

O propósito da pesquisa era determinar a eficácia da instrução de matemática tradicional, que todos os jovens feirantes receberam na escola desde a idade de seis anos. Como foi que nosso pequeno vendedor de cocos se saiu?

Se você pensar por um momento, é claro que o garoto não está fazendo as contas do modo mais rápido, que é usar a regra que diz que, para multiplicar por 10, você simplesmente adiciona um zero e assim 35 passa a 350. A razão pela qual ele não calcula desse modo é que ele não conhece a regra. Ele nunca a aprendeu. Apesar de passar seis anos na escola, ele não tem quase nenhum conhecimento matemático no sentido tradicional. As habilidades aritméticas que possui foram adquiridas de forma autodidata em sua barraca. Vamos ver como ele soluciona o problema.

Uma vez que ele costuma vender cocos em grupos de dois ou três, ele precisa estar apto a calcular o custo de dois ou três cocos. Isto é, ele precisa conhecer os valores $2 \times 35 = 70$ e $3 \times 35 = 105$. Diante do pedido pouco comum de dez cocos que você fez, o menino procede assim: primeiro, ele divide os 10 em grupos

---

*A pesquisadora Analucia Dias Schliemann gentilmente forneceu as transcrições dos diálogos originais em português encontrados nesta tradução. (*N. da T.*)

com os quais ele pode lidar, isto é, 3 + 3 + 3 + 1. Aritmeticamente, ele está agora diante do problema ao determinar a soma 105 + 105 + 105 + 35. Ele o faz em etapas. Com algum esforço, primeiro ele calcula 105 + 105 = 210. Depois ele soma 210 + 105 = 315. Finalmente, ele descobre que 315 + 35 = 350. No final das contas, é uma demonstração um tanto extraordinária para um garoto de 12 anos com pouca educação formal.

Mas passar-se por cliente era apenas a primeira fase do estudo realizado por Nunes e colegas. Mais ou menos uma semana depois de "testarem" as crianças em suas barracas, voltaram a encontrá-las e pediram a cada uma que resolvesse um teste com papel e lápis, que incluía exatamente os mesmos problemas de aritmética que lhes tinham sido apresentados no contexto das vendas na semana anterior.

Os pesquisadores tomaram todo o cuidado para fazer esse segundo teste da forma menos assustadora possível. Foram administrados individualmente, no próprio local da venda ou na casa do garoto, e incluíam tanto perguntas de cálculo aritmético direto apresentadas na forma escrita quanto problemas de vendas propostos verbalmente, do mesmo tipo que a criança fazia em sua barraca. Forneciam aos meninos papel e lápis e pediam que escrevessem suas respostas e, também, qualquer outra anotação que desejassem fazer. Pedia-se também a cada menino que proferisse seu raciocínio em voz alta à medida que o desenvolvia.

Embora a aritmética das crianças fosse praticamente impecável quando estavam em suas vendas (mais de 98% de acertos), eles acertaram em média apenas 74% das vezes quando diante de problemas de venda que exigiam a mesma aritmética, e meros 37% quando enfrentavam praticamente os mesmos problemas apresentados na forma de um teste de aritmética (simbólico) elementar.

O desempenho de nosso jovem vendedor de coco foi típico. Uma das perguntas que tinham sido formuladas para ele em sua banca quando vendia cocos a 35 cruzeiros, foi: "Eu vou querer quatro cocos. Quanto vai ser?" O menino respondeu: "Vai ser 105, mais trinta, faz 135... um coco é 35... dá... 140."

Vamos dar uma olhada nesta solução. Da mesma maneira que ele fez na venda descrita anteriormente, o menino começou a quebrar o problema em questões mais simples. Neste caso, três cocos mais um coco. Isso permitiu que ele começasse com o que ele sabia, isto é, que o custo de três cocos é Cr$105. Então, para acrescentar no custo o quarto coco, ele primeiro arredondou o preço de um coco para Cr$30 e somou esta quantia obtendo Cr$135. Ele então (aparentemente, embora ele não tenha verbalizado esse passo com precisão) observou que o "fator de correção" para o arredondamento era de Cr$5, e adicionou tal fator de correção para dar a resposta (correta): Cr$140.

Na prova de aritmética formal, pedia-se que o garoto calculasse 35 × 4. Ele operou mentalmente, verbalizando cada passo como o pesquisador solicitara, mas a única coisa que ele escreveu foi a resposta. Eis o que ele disse: "Quatro vezes cinco é vinte, leva o dois; dois mais três é cinco, vezes quatro é vinte." Ele então escreveu "200" como resposta.

Apesar do fato de numericamente tratar-se do mesmo problema que resolvera corretamente em sua banca na feira, ele respondeu errado. Se você acompanhar o que o menino disse, fica claro o que estava fazendo e por que deu errado. Ao tentar executar o método habitual da escola para a multiplicação, da direita para a esquerda, ele adicionou o "vai dois" da multiplicação da coluna das unidades (5 × 4) *antes* de fazer a multiplicação da coluna das dezenas e não posteriormente, como seria correto. Entretanto ele, de fato, se preocupou com a posição correta que cada um dos vários dígitos deveria ocupar, escrevendo o zero (correto) da primeira multiplicação depois do 20 (incorreto) da segunda, obtendo como resposta 200.

A mesma coisa aconteceu com outra criança, uma menina de nove anos. Quando um pesquisador a abordou em sua banca de cocos e disse: "Vou levar três cocos. Quanto é?", a jovem vendedora respondeu: "Quarenta, oitenta, cento e vinte." Com um coco custando Cr$40, sua técnica era seguir somando 40 até que alcançasse o número correto de adições.

No teste de aritmética nos moldes escolares, a multiplicação 40 × 3 foi proposta à mesma garota. Sua resposta foi 70. Eis a explicação de como chegou a esse resultado: "Baixa o zero; quatro e três dá sete."

Claramente, apesar do fato de ela não ter nenhuma dificuldade para trabalhar em sua barraca na feira de rua, a memória dos procedimentos aritméticos padrão que a garotinha guardou do que lhe foi ensinado na escola está bastante confusa. A mesma menina, quando lhe foram pedidos 12 limões, ao custo de Cr$5 cada, agrupou as frutas duas a duas, dizendo à medida que o fazia: "Dez, vinte, trinta, quarenta, cinqüenta, sessenta." Mas quando lhe apresentavam a operação 12 × 5 no teste — em termos numéricos, exatamente o mesmo cálculo — ela primeiro abaixa o 2, depois o 5 e, em seguida, o 1, dando como resposta 152.

O mesmo grau de confusão com a aritmética da escola foi demonstrado por outra criança vendedora que não teve nenhuma

O INSTINTO MATEMÁTICO

dificuldade com uma tarefa de subtração quando esta surgiu em sua barraca na feira, mas ficou completamente perdida quando lhe apresentaram a operação equivalente no teste escrito no estilo escolar. Eis a negociação na barraca da feira, onde o menino vendia cocos por Cr$40 cada:

CLIENTE: Eu quero dois cocos. [Paga com uma nota de Cr$500.] Qual é o meu troco?
CRIANÇA: Oitenta, noventa, cem. Quatrocentos e vinte.

No teste, a criança encontrou a adição 420 + 80. Ela respondeu 130, aparentemente procedendo da seguinte maneira: adicionando 8 a 2, dá 10; vai 1; adicionando 1 (do "vai um"), 4 e 8, dá 13; escrevendo o zero final na coluna das unidades dá 130. No fim das contas, com algumas dicas dadas pelo pesquisador, o menino conseguiu chegar à resposta correta — ignorando o lápis e o papel e usando um método de contagem.

Um resultado parecido foi obtido em outro caso, depois que uma criança fracassou na resolução do problema de divisão 100/4. Ela primeiro tentou dividir 1 por 4, depois tentou dividir 0 por 4 e então desistiu, argumentando que não era possível. Instigada pelo pesquisador, ela respondeu: "Olha, de cabeça eu sei fazer... Divide por dois, dá cinqüenta. Aí divide por dois, dá vinte e cinco." Em outras palavras, ela usou o fato de que a divisão por 4 pode ser feita dividindo por 2 duas vezes consecutivas e mais sua capacidade de dividir por dois os números 100 e 50.

Caso após caso, Nunes e seus colegas obtiveram os mesmos resultados. As crianças eram bastante precisas quando estavam em suas barracas na feira, mas praticamente ignorantes quando diante dos mesmos problemas de aritmética apresentados em um formato tipicamente escolar. Os pesquisadores ficaram tão impressionados e intrigados com o desempenho das crianças nas barracas de feira que deram um nome especial para essas habilidades: *matemática de rua*.

A matemática de rua é a matemática que as pessoas desenvolvem sozinhas, quando precisam. Não está restrita aos pouco instruídos feirantes brasileiros e você pode encontrá-la em outros lugares além das ruas. Por exemplo, você pode encontrá-la nos Estados Unidos, como o professor James Herndon descreveu em 1971 em seu livro *How to Survive in Your Native Land*. Herndon conta que, em uma ocasião, ele estava lecionando em uma turma do ensino médio para crianças que tinham sido, essencialmente, todas malsucedidas no sistema escolar. Em dado momento, ele descobriu que um daqueles alunos tivera um trabalho regular bem-remunerado marcando a pontuação para uma liga de boliche da cidade, uma tarefa que exigia aritmética rápida, precisa e complicada (você já viu o sistema de pontuação do jogo de boliche?).

Percebendo uma oportunidade de ouro para motivar esse aluno a se sair bem nas aulas, Herndon criou um conjunto de "problemas de pontuação de jogos de boliche" e deu para o menino. A tentativa foi um fracasso completo. Nas pistas de boliche, à noite, o garoto podia manter controle preciso de oito pontuações diferentes de uma só vez. Mas ele não conseguia responder à mais simples questão sobre pontuação quando esta era apresentada na sala de aula. Nas palavras de Herndon, "o brilhante marcador da liga não conseguia decidir se dois *strikes* seguidos por oito pinos derrubados na terceira jogada totalizavam 18 ou 28 ou se dava 108,5."

Herndon experimentou o mesmo fracasso quando tentou trabalhar com outros alunos na turma, propondo-lhes problemas exatamente do mesmo tipo que solucionavam com facilidade fora da sala de aula. Por exemplo, para uma menina que afirmou nunca ter tido nenhuma dificuldade ao comprar roupas, ele deu o seguinte problema: "Se você comprar um par de sapatos que custa $10,95, quanto de troco você receberá se pagar com uma nota de vinte?" (Em 1971, esse preço era realista.) A menina respondeu "$400,15" e pediu a Herndon que dissesse se ela tinha acertado.

Uma vez que tanto os alunos de Herndon quanto as crianças de Recife demonstraram que conseguiam lidar com a aritmética em determinados contextos conhecidos, quando os números significavam algo para eles, parece claro que o significado prático imediato tem importância fundamental em nossa capacidade de utilizar aritmética.

Mas essa não é a única diferença entre a matemática de rua e a matemática escolar. As transcrições das transações verbais nas barracas de feira mostraram que as crianças usavam métodos diferentes daqueles ministrados na escola. E contudo os métodos da escola são ensinados porque supostamente são mais fáceis! Na verdade, para qualquer um que domine ambos os métodos, os da escola *são* mais fáceis — basta comparar o método que nosso primeiro participante usava para calcular 10 × 35 com o método ensinado em sala de aula para a solução do mesmo problema. Não obstante, as pessoas que usam a matemática de rua parecem ignorar os métodos normais. Por quê? Intrigados com essa pergunta, Nunes e colegas decidiram examinar os métodos usados pelos pequenos vendedores.

Sua abordagem buscava determinar a diferença entre as habilidades das crianças na aritmética mental (ou oral) e na aritmética escrita, *quando ambas eram medidas nas condições dos testes*. Como já observamos, as crianças jamais se saíam tão bem nos testes quanto se saíam quando trabalhavam em suas barracas. Mas, perguntaram-se Nunes e colegas, será que existe uma diferença mensurável entre os dois modos de operar com aritmética em um teste? Em que os *métodos* da matemática de rua diferem dos da aritmética escolar?

O grupo de crianças que Nunes e colegas testaram consistia em 16 alunos, contendo meninos e meninas. Todos estavam na terceira série na escola, onde haviam estudado os procedimentos normais para adição, subtração, multiplicação e divisão. Uma vez que muitos alunos no Brasil têm que repetir a mesma série duas vezes ou mais, as idades das crianças variavam de nove a 15 anos. As crianças mais velhas não apenas haviam tido mais anos de instrução em aritmética escolar, como também haviam passado mais tempo trabalhando na feira de rua.

Os participantes recebiam três tipos de problema: simulações de vendas semelhantes àquelas com as quais estavam familiarizados por causa da feira, problemas formulados com palavras e questões de cálculo aritmético elementar. Em todas, exceto uma categoria, as crianças se saíram melhor na aritmética mental do que quando utilizavam papel e lápis. Na maioria dos casos, as diferenças eram drásticas.

Vamos começar pela adição. Nas questões de vendas simuladas, as crianças acertaram em média 67% oralmente e 75% no teste escrito. Esse foi o único caso em que o desempenho com papel e lápis foi melhor do que com respostas orais (isto é, do que as respostas obtidas de cabeça sem a ajuda de lápis e papel).

No caso dos problemas verbais sobre adição eles acertaram em média 83% oralmente e só 62% nos testes escritos. Quanto às perguntas de cálculo elementar, eles acertaram impecavelmente 100% oralmente, contra o resultado significativamente pior de 79% na avaliação escrita.

Na subtração, a diferença entre o desempenho oral e o escrito foi acentuada em todos os três tipos de problemas. Nas vendas simuladas, eles acertaram em média 57% oralmente (muito menos do que quando calculam o troco em suas barracas) e meros 22% na prova escrita. No caso dos problemas verbais, as crianças responderam corretamente a 69% das questões orais e 22% das escritas. Nos problemas de cálculo, o desempenho foi de 60% de acertos oralmente e apenas míseros 14% na forma escrita.

Para a multiplicação, os dados correspondentes trazem reconfortantes 89% oral e decepcionantes 50% escrito para a simulação de vendas, 64% oral e 50% escrito para problemas verbais e impecáveis 100% oral contra fracos 39% escrito no caso dos problemas de cálculo.

As crianças tiveram o mais baixo rendimento nos problemas de divisão. Elas acertaram em média 50% oralmente em todos os três tipos de problemas, mas fracassaram completamente no aprendizado do método de divisão ensinado em sala de aula. Quando lhes foi solicitado que respondessem às perguntas usando lápis e papel, elas não obtiveram nenhum acerto nas questões de vendas simuladas e nos problemas verbais, e conseguiram só 7% de acerto nas questões de divisão elementar. Em resumo, as crianças não conseguem fazer divisão sob qualquer tipo de condições de teste.

Claramente, as crianças se saíam muito melhor em aritmética mental do que aplicando os métodos com lápis e papel que eram ensinados na escola. E presumivelmente o mesmo vale para qualquer um que faça uso prático e regular de números e aritmética básica. Mas ainda fica a pergunta de como eles conseguiam ser tão mais bem-sucedidos em aritmética oral do que na aritmética escrita. Uma vez que aparentemente eram incapazes de usar os métodos que lhes foram ensinados na escola, como exatamente essas crianças faziam para solucionar os problemas quando os resolviam de cabeça?

Você adquire alguma idéia dos métodos que as crianças usam — e conseqüentemente um primeiro indício de que matemática de rua é algo muito diferente da aritmética da escola — quando olha as transcrições do que elas diziam à medida que resolviam mentalmente os problemas. Suas palavras revelam que elas usam algumas manipulações numéricas sofisticadas.

Por exemplo, quando precisou calcular 200 – 35, uma criança procedeu assim:

Se fosse trinta, o resultado era setenta.
Mas é 35. Então é 65. Cento e sessenta e cinco.

Vamos observar seu método. Primeiro ele divide 200 em 100 + 100. (Ele não verbaliza esse passo, mas pelo que vem depois, fica claro que é isso que faz.) Ele deixa 100 de lado e passa a calcular 100 – 35. Para isso, primeiro arredonda 35 para 30 e calcula 100 – 30. Essa conta ele consegue fazer facilmente: a resposta é 70. Depois corrige o erro do arredondamento subtraindo aquilo que ignorou: 70 – 5 = 65. Finalmente, ele adiciona o 100 que havia deixado de lado no princípio: 65 + 100 = 165.

Ainda mais impressionante, por sua versatilidade numérica, é o método que outra criança usou para calcular 243 − 75, problema que surgiu como uma transação de compras envolvendo cálculo de troco. Eis o que ela disse:

> Você me dá os duzentos. Eu te devolvo 25. Mais os 43 que você tem, os 143, dá 168.

Diante de uma criança pequena numa barraca de uma movimentada feira de rua da América do Sul calculando nosso troco desta forma, muitos de nós suspeitaríamos de que o pequeno vendedor estivesse tentando pregar-nos uma peça. Mas a resposta do menino estava perfeitamente correta. Vamos ver o que ele estava fazendo.

Primeiro, fica claro, a partir do que ele disse em seguida, que sua primeira frase queria dizer: "Você me dá cem." O que ele está fazendo é separar o 243 em 100 + 100 + 43. Ele põe o 43 e um dos 100 de lado e subtrai os 75 dos 100 restantes. Isso é algo que ele consegue fazer facilmente: 100 − 75 = 25. A seguir ele soma novamente o 43 e o 100. Para isso, ele primeiro calcula 100 + 43 = 143 e depois calcula 25 + 143 = 168. Esse último passo ainda é uma adição desafiadora, claro. Em essência, seu método geral é transformar o problema desafiador de subtração, 243 − 75, no problema menos desafiador (mas também difícil) de adição 143 + 25. Isso funciona porque, como a maioria das pessoas, ele considera a adição muito mais fácil do que a subtração.

Vamos observar mais um exemplo, desta vez envolvendo a divisão. Como vimos anteriormente, a maior parte das crianças teve dificuldades significativas com a divisão quando trabalhou oralmente e fracassou completamente quando tentou usar o procedimento escolar. O problema consistia em calcular $75/5$, proposto como uma pergunta sobre dividir 75 bolinhas de gude entre cinco meninos. Eis o que uma criança disse:

> Se você der dez bolinhas para cada, dá cinqüenta. Tem mais vinte e cinco. Para dar para cinco meninos, esse tá difícil. Mais cinco para cada um. Quinze para cada.

Estava certo. A criança começa "arredondando" 75 para 50 e resolvendo o problema mais simples para o qual ela não tem nenhuma dificuldade em encontrar 10 como resposta. (De fato, supostamente, ela sabia resolver este problema mais simples e justamente por isso efetuou o arredondamento inicial de 75 para 50.) O arredondamento deixa 25 bolinhas ainda para serem distribuídas. Ela acha este problema difícil; não sabe a resposta para $25/5$. Mas depois de refletir um pouco percebe que $25/5 = 5$. Agora tudo o que precisa fazer é adicionar 5 ao seu resultado prévio de 10 para chegar a sua resposta final, 15.

Diante da evidência dos feirantes brasileiros, a maioria das pessoas reconhece que se em algum momento elas se encontrassem em uma situação na qual sua própria sobrevivência dependesse de habilidades matemáticas, elas provavelmente conseguiriam adquiri-las. Mas, uma vez que você admite isso, então está admitindo que a única coisa que atrapalha seu aprimoramento em matemática é sua falta de motivação e prática.

O INSTINTO MATEMÁTICO

Talento matemático no carrinho de compras

Apesar do fracasso para dominar a matemática da escola, as crianças vendedoras do Brasil e outros grupos que usam matemática de rua têm uma coisa em comum: usam números com freqüência em um contexto no qual esses números têm significado prático imediato. Não é o que acontece com a maioria de nós. Na maior parte do tempo conseguimos nos virar bem sem usar a aritmética. Mas uma situação em que praticamente todos nós encontramos números é quando fazemos compras. Para ser justo, até para o consumidor mais cuidadoso o uso de aritmética é muito menos repetitivo e intenso do que para um feirante. Além disso, não importa nosso interesse em conseguir a melhor compra no supermercado, há, de longe, muito menos pressão para que acertemos os cálculos do que no caso de um comerciante na feira cujo meio de vida está em jogo. Então não existe nenhuma razão para esperar que a média dos clientes de supermercados que têm consciência dos preços seja capaz de demonstrar a destreza numérica daqueles vendedores de rua do Brasil. Mas exatamente quanta aritmética nós usamos, e o quão bem nós a usamos?

Essa é a pergunta que foi formulada alguns anos atrás pela antropóloga Jean Lave em um estudo chamado Adult Math Project (AMP). Atualmente membro do Departamento de Educação na Universidade da Califórnia, em Berkeley, Lave estava na Universidade da Califórnia, em Irvine, na época do estudo. Os participantes estudados por ela eram pessoas comuns do sul da Califórnia que faziam compras em um supermercado.

O estudo de Lave difere do de Nunes e colegas em uma questão importante. No caso dos jovens comerciantes de rua do Brasil, os métodos *ad hoc* pouco habituais de cálculo que adotavam em geral eram completamente matemáticos, e assim era possível avaliá-los do ponto de vista puramente matemático, perspectiva da qual eles realmente pareciam bastante sofisticados. Mas em muitos dos casos citados no projeto AMP, os compradores usavam uma combinação de matemática com outros tipos de considerações, que os pesquisadores não podiam avaliar usando critérios puramente matemáticos.

Essa questão é bem ilustrada por um caso de outro estudo de Lave, que observava a matemática usada por indivíduos que faziam dieta quando preparavam seus pratos com controle de calorias. Um homem nessa situação tinha que medir ¾ de ⅔ de uma xícara de queijo cottage, de acordo com a receita que ele estava usando. Antes de continuar lendo, pergunte a si mesmo: como você faria?

Eis o que o homem fez: ele mediu ⅔ de uma xícara de queijo usando seu medidor e espalhou esta parte em uma tábua de cozinha circular. Em seguida dividiu o círculo em quatro quartos, removeu um quarto, que devolveu à embalagem, deixando na tábua os desejados ¾ e ⅔ uma xícara. Perfeitamente correto.

Qual é a minha reação como um matemático? Existe um modo muito mais fácil: Por cancelamento (do 3 em comum) seguido por simplificação (dividindo pelo fator comum 2), você obtém:

$$¾ \times ⅔ = 2/4 = ½$$

Então tudo o que a pessoa precisava era de ½ xícara de queijo, o que ele poderia ter medido diretamente. Simples. Mas nosso participante não percebeu essa solução. Contudo ele claramente sabia o que o queria dizer conceito de "três quartos" e conseguiu usar esse conhecimento para resolver o problema a seu próprio modo. Ele cumpriu a tarefa e, nos termos de Lave, resolveu com sucesso o problema.

Em que os consumidores se dão bem no supermercado?

O AMP estudou 25 compradores no Condado de Orange, no sul da Califórnia. O Condado de Orange normalmente é considerado uma região bastante rica e com política muito conservadora, mas as pessoas observadas variavam consideravelmente em termos de instrução e renda familiar, e incluíam algumas pessoas de pouca instrução e baixa renda para quem era indispensável fazer economia nas compras.

Uma vez que a idéia do estudo era examinar o modo como as pessoas comuns usam a matemática em sua vida cotidiana, os pesquisadores não podiam simplesmente testá-las com perguntas como, "se você encontrasse três marcas de batatas fritas congeladas com os seguintes pesos e preços, como decidiria qual embalagem é a mais econômica?". Como veremos a seguir, a resposta que as pessoas dão a essa questão tem muito pouco a ver com o que elas realmente fariam em uma situação real de compras. Perguntas como "o que você faria se..." não funcionam.

Em vez disso, os pesquisadores decidiram seguir os compradores por aí e observá-los, tomando notas, ocasionalmente pedindo-lhes que verbalizassem o que pensavam durante suas compras e, às vezes, pedindo explicações logo depois de concluída a transação. É claro que tal procedimento é muito idealizado e a simples presença de um observador muda a experiência de compras. Assim, até certo ponto o estudo não trata realmente de pessoas "em suas atividades normais cotidianas". Mas provavelmente é o mais próximo disso que você pode conseguir. Além disso, os antropólogos desenvolveram meios de fazer esse trabalho de modo a minimizar o efeito de sua presença no comportamento dos seus objetos de estudo.

Cada pesquisador passou um total de cerca de quarenta horas com cada um de seus participantes, incluindo o tempo gasto com entrevistas para determinar o nível de instrução (educação, formal ocupação etc.). Embora a maior parte dos compradores fosse de mulheres, existiam alguns homens no grupo. Contudo os pesquisadores não notaram nenhuma diferença entre o desempenho matemático dos homens e das mulheres no supermercado, e assim parece que o gênero sexual não foi um fator significativo.

De um total de aproximadamente oitocentas compras que os consumidores realizaram durante o estudo, só umas duzentas envolviam um pouco de aritmética, isto é, uma situação que os pesquisadores definiram como "ocasião em que um comprador associa dois ou mais números com uma operação aritmética ou mais: adição, subtração, multiplicação ou divisão". De um comprador para outro, variava muito a freqüência do uso da matemática. Um consumidor não fez absolutamente nenhuma conta, enquanto três dos participantes fizeram cálculos em metade dos produtos adquiridos. Em média, 16% das compras envolveram aritmética.

Uma descoberta interessante foi a de que, ao compararem produtos concorrentes para decidir qual era a melhor opção, os consumidores faziam relativamente pouco uso do preço unitário impresso na etiqueta — informação incluída por lei especificamente para permitir aos compradores compararem os preços. Os pesquisadores não estavam completamente seguros do motivo para isso. A explicação mais provável que podiam dar era de que o preço da unidade é essencialmente uma informação abstrata aritmética. A menos que o produto seja algo que o comprador use ou compre em unidades separadas e definidas, o preço por unidade não tem nenhum significado concreto para aquele consumidor. Assim, embora a comparação direta de preços unitários seja o modo mais simples de determinar o custo, os consumidores freqüentemente ignoram essa informação.

Uma abordagem comum era calcular proporções entre preços e quantidades de modo que se tornasse possível a comparação direta. Isso podia ser feito quando as quantidades guardavam uma proporção simples entre si, como 2:1 ou 3:1. Por exemplo, se o produto A custasse $5 por 150 g e o produto B custasse $9 por 300 g, a comparação era fácil. Um comprador típico raciocinaria assim: "O produto A custa $10 por 300 g, e o produto B, $9 por 300 g, conseqüentemente o produto B é mais barato." Os compradores freqüentemente desistiam da abordagem por comparação quando encontravam uma proporção como 3:2, caso em que fazer a comparação exigiria a multiplicação de um preço por 2 e do outro por 3.

Outra vantagem de trabalhar com as quantidades verdadeiras que poderiam ser compradas — em lugar de usar dados mais abstratos, como preços unitários — é que a comparação de preço em geral é só uma parte de um processo mais complexo de tomada de decisão composto pela capacidade de armazenamento do comprador, o tamanho da família, a provável taxa de uso e o período de armazenamento estimado antes que um determinado artigo particular possa se deteriorar. Como os pesquisadores observaram em várias oportunidades, o que os consumidores faziam era avaliar todas essas variáveis a fim de chegar a uma decisão, considerando as alternativas de compras primeiro de um ponto de vista, depois de outro, e assim sucessivamente. A aritmética da comparação de preço era só uma parte do processo. Apesar da complexidade de todo o processo, os consumidores não faziam grande esforço. Na verdade, eles não estavam conscientes de que "pensavam" muito; eles estavam "apenas comprando".

Um tipo de transformação um pouquinho diferente para facilitar uma comparação de preço envolve a conversão das unidades. Por exemplo, Lave cita a seguinte ponderação entre uma compradora de AMP e sua filha:

Filha: Dezoito.
Comprador: Dezoito onças por 89, e este aí? [Referindo-se a outra marca]
Filha: Uma libra e sete onças.
Comprador: Vinte e três onças por um dólar e 17 centavos.

Depois de converter o peso da segunda marca de libras e onças para onças, a compradora estava diante de uma proporção de peso de 18:23 e, neste ponto, ela abandonou essa abordagem e baseou sua decisão em outro fator. Na verdade, quando diante de uma comparação particularmente problemática no supermercado, em que as unidades não podem ser facilmente equiparadas, os compradores em geral desistem da tentativa e tomam sua decisão com base em outra consideração — talvez escolhendo a quantidade maior porque as grandes quantidades costumam ser mais econômicas. Do ponto de vista de "fazer matemática", é claro que abandonar o cálculo deixa o problema sem solução. Mas isso não significa que o processo mental como um todo tenha fracassado. Afinal, as pessoas não entram num supermercado para fazer cálculos aritméticos, elas vão lá para fazer compras, e do ponto de vista de um comprador que tenta fazer compras com prudência, a aritmética é só uma dentre várias estratégias que podem ser usadas. Desse modo, mesmo quando um participante não consegue efetuar a aritmética necessária, por qualquer meio que seja, a expedição às compras ainda pode ser bem-sucedida em termos de compras sensatas.

Outro método que muitos consumidores usam para decidir entre duas opções consiste em calcular o diferencial no preço, um procedimento que exige apenas duas subtrações. Por exemplo, ante uma escolha entre um pacote de 5 quilos custando $3,29 e um de 6 quilos a $3,59, um comprador pensa: "Se eu comprar o pacote maior, vou pagar 30 centavos por um 1 quilo a mais. Vale a pena?"

Entre as técnicas aritméticas utilizadas pelos compradores que os pesquisadores observaram estão a estimativa, o arredondamento (por exemplo, para inteirar um dólar ou um dólar e meio) e o cálculo da esquerda para a direita (em lugar do cálculo da direita para a esquerda ensinado na escola). O que parecia faltar, porém, era a maior parte das técnicas que os compradores tinham aprendido na escola. Lave e seus colegas decidiram investigar onde foi parar a matemática da escola.

A fim de comparar o desempenho aritmético dos compradores no supermercado com sua capacidade de lidar com a "matemática da escola", os pesquisadores planejaram um teste. Novamente, as descobertas foram interessantes. Apesar dos significativos esforços que os pesquisadores fizeram para convencer os participantes de que não se tratava de uma prova escolar, que seu propósito era puramente averiguar que habilidades aritméticas eles retiveram desde a escola, os compradores agiram como se fosse realmente uma prova. Por exemplo, quando os pesquisadores perguntaram se poderiam observar enquanto os participantes resolviam o teste, estes responderam com observações como "Claro, professor". Eles fizeram comentários sobre não colar. Perguntaram se podiam reescrever problemas e falaram de forma autodepreciativa de não estudar matemática há muito tempo. Em outras palavras, trataram o teste de matemática com o "comportamento padrão para provas de matemática", com todas as tensões e emoções que estas geralmente acarretam.

Talvez essa reação dos compradores já fosse esperada. Afinal, o "teste de matemática" teve todos os elementos de uma típica prova de aritmética escolar: perguntas envolvendo números inteiros, tanto positivos quanto negativos, frações, decimais, adição, subtração, multiplicação e divisão. Por outro lado, os problemas foram desenvolvidos para testar as mesmas habilidades matemáticas que os pesquisadores nos compradores (de forma contextualizada) no supermercado. Por exemplo, tendo observado que compradores em geral comparavam preços de produtos concorrentes utilizando relações de preço por quantidade, os pesquisadores incluíram algumas questões para ver como os consumidores lidavam com versões abstratas de tais problemas. Por exemplo, diante de um artigo que custava $4 por pacote de 3 quilos e um pacote maior custando $7 por 6 quilos, muitos compradores comparariam imediatamente as razões $\frac{2}{3}$ e $\frac{4}{6}$ para descobrir qual era a maior. Depois os pesquisadores incluiriam no teste a questão: "Circule o maior dentre $\frac{2}{3}$ e $\frac{4}{6}$." Mas os mesmos compradores que se saíram muito bem no supermercado fracassaram no teste.

Globalmente, o desempenho dos compradores era em média de 98% no supermercado comparados com apenas 59% em média no teste. Por quê? Uma diferença evidente era que as pessoas consideravam que as questões do teste exigiam cálculos precisos, enquanto na versão da vida real do problema equivalente elas estavam muito mais propensas a utilizar estimativas. A diferença principal, porém, era que os compradores no supermercado não usavam as habilidades aritméticas que aprenderam na escola. Em vez disso, estavam solucionando os problemas de outro modo.

Essa última conclusão é sustentada pelo fato de que, quanto mais tempo os consumidores houvessem estudado matemática na escola e quanto mais recentemente tivessem concluído esses estudos, tanto melhor era o desempenho no teste, ao passo que nem a duração dos estudos nem o tempo transcorrido após sua conclusão tinha qualquer efeito mensurável em seu desempenho no supermercado. Assim, se as aulas de matemática ensinam algo, parece que esse algo consiste em como se sair bem nos testes de matemática da escola. Elas não ensinam a resolver os problemas da vida real que envolvem matemática.

Voltaremos mais tarde à questão de por que as aulas de matemática da escola parecem não alcançar os objetivos a que se propõem — e o que poderíamos fazer para melhorar as coisas.

Enquanto isso, vamos dar uma olhada nos problemas que causaram maiores dificuldades aos clientes de supermercados.

Em que e por que os consumidores se dão mal no supermercado?

Os compradores que Jean Lave estudou no projeto AMP tiveram bastante sucesso quando se tratava de resolver questões aritméticas em situações reais cotidianas, quaisquer que fossem seus históricos escolares. Como conseguiam isso?

É claro que parte da disparidade no desempenho poderia dever-se à diferença entre estar realmente numa loja e "fazer uma prova." Como vimos, os consumidores não conseguiam deixar de considerar o teste de aritmética um "questionário escolar". Mas não parece que este seja o principal fator. Em vez disso, o que parecia fazer a maior diferença era o tipo de teste que os compradores tinham de resolver e a maneira como as questões eram apresentadas. Isso foi demonstrado por uma outra prova à qual os pesquisadores do AMP submeteram os consumidores: uma simulação de compras.

Em suas casas, os compradores foram confrontados com problemas que simulavam opções de compras, baseados exatamente nos problemas desse tipo que os pesquisadores os viram resolver no supermercado. Em algumas dessas simulações, eram apresentados latas, garrafas, potes e pacotes de vários artigos encontrados no supermercado e os participantes tinham de decidir o que comprariam entre as marcas concorrentes; em outras, eles eram confrontados com preços e informações de quantidades impressas em cartões. Nessa simulação, que era evidentemente uma situação do tipo "teste", os consumidores acertaram em média 93%. (O fato de a simulação ser feita em casa e conduzida pelo pesquisador que acompanhou o participante na excursão de compras também parece ter sido um fator significativo. Voltarei a esta questão em breve.)

Para colocar isso nos termos de um exemplo específico, um participante se sairia extremamente bem (na categoria com índice de sucesso de 93%) na simulação de compras em casa quando diante de um cartão que dizia que 300 g do produto A custava $4 e outro cartão que dizia que 300 g do produto B custavam $7, questionado sobre qual era a melhor compra; mas diante de uma lista de problemas de aritmética, o mesmo participante se sairia muito pior (na categoria com índice de sucesso de 59%) quando solicitado a circular o maior dentre $4/3$ e $7/6$. E no entanto o problema de aritmética subjacente às duas questões é exatamente o mesmo!

Parece que a conclusão é que o problema não está no fato de as pessoas não conseguirem usar matemática; na verdade elas não conseguem usar matemática escolar. Quando confrontadas com uma tarefa da vida real que exige aritmética, a maioria das pessoas se sai realmente bem — na verdade, 98% de sucesso equivalem a praticamente não errar.

Logo veremos exatamente que tipos de problemas de aritmética causam mais dificuldades às pessoas comuns e nos perguntaremos por que isso acontece. Mas antes permita-me mencionar que, embora vários compradores da AMP carregassem uma calculadora consigo, somente em uma ocasião durante todo o projeto um comprador a sacou e usou a fim de executar uma comparação de preços. E ninguém em momento algum utilizou lápis e papel para fazer uma conta.

Agora vou contar um pouco mais sobre a natureza do "teste" de simulação de compras que os pesquisadores de AMP fizeram na casa dos compradores. Como vimos, o desempenho dos consumidores na simulação foi quase tão bom quanto na situação real de compras. Quase certamente isso aconteceu porque eles não apenas não enxergavam a simulação como um "teste de matemática", como também realmente conseguiram abordar a maior parte das questões usando os mesmos recursos mentais que utilizavam na loja. Os pesquisadores precisaram de um pouco de esforço para conseguir isso, formulando as perguntas aos consumidores verbalmente, na forma de uma conversa, e fazendo referências freqüentes à excursão que os dois haviam feito juntos às compras.

A importância dessa configuração para o teste da simulação de compras fica clara quando comparamos os resultados com aqueles de outro "teste de simulação de compras", realizado por Deanna Kuhn.

Kuhn colocou uma mesa do lado de fora de um supermercado do sul da Califórnia, abordou clientes prontos a entrar para fazer compras e lhes pediu que calculassem qual dentre dois vidros de alho em pó estava mais em conta, o vidro com 35 gramas por 41 cents ou o com 67 gramas por 77 cents, e o mesmo para dois frascos de desodorizador, um que custava $1,36 com 200 gramas, outro $2,11 com 300 gramas. Os clientes recebiam lápis e papel para o trabalho.

Os resultados foram muito distintos dos obtidos na simulação de compras do AMP. Apenas 20% dos cinqüenta compradores que concordaram em se submeter ao teste conseguiram solucionar a questão sobre o alho em pó, com sua difícil proporção de peso de 35:67, e não muito mais do que isso — somente 32% — conseguiram responder corretamente à pergunta sobre o desodorizador, na qual a razão dos pesos é de 2:3.

A enorme diferença entre os resultados dos dois procedimentos de teste, o do AMP e o de Kuhn, se deve quase certamente ao modo como os consumidores viram as duas simulações. Na simulação do AMP, os compradores pareceram entender que deviam imaginar que realmente estavam fazendo compras, enquanto os participantes de Kuhn pareceram considerar o procedimento a "resolução de um teste". De fato, os resultados de Kuhn foram bem parecidos com os obtidos nos testes de estilo escolar administrados nos participantes do AMP.

Em outras palavras, pode se realizar o teste fora de um supermercado e formular as questões em termos de compras, chegando ao ponto de apresentar aos sujeitos artigos reais retirados das prateleiras do supermercado, mas se os participantes enxergarem a situação como uma "prova de matemática" é dessa forma que eles vão abordá-la. Como conseqüência, eles se debaterão na tentativa de usar procedimentos de matemática da escola há muito esquecidos (e possivelmente nunca completamente compreendidos de todo). E na maioria das vezes fracassarão.

Que problemas causaram aos participantes maior dificuldade no teste formal de matemática? De forma pouco surpreendente, a divisão ocasionou muita dificuldade. Várias pessoas deram respostas erradas (ou não conseguiram resolver) às perguntas $1{,}47 \div 0{,}7$ e $24 \div 0{,}6$. Por outro lado, o índice de sucesso foi mais alto para as divisões $3{,}55 \div 5$, $100 \div 26$, $124 \div 8$ e até para 984 ÷ 24. Então a dificuldade nos exemplos anteriores parece ser causada pelo ponto decimal no divisor.

As casas decimais causam problemas também na multiplicação. A vírgula no lugar errado fez com que muitos participantes dessem respostas erradas para as multiplicações 0,42 × 0,08 e 3,5 × 0,6.

A colocação da vírgula que separa as casas decimais também pode criar dificuldades quando se trata de subtração, a não ser que a vírgula ocupe a mesma posição nos dois números a serem operados. Por exemplo, algumas pessoas se saíram razoavelmente bem na subtração 0,81 − 0,05 onde a vírgula está na mesma posição em ambos os números. Mas tiveram dificuldade com 3,75 − 0,8 e com 6 − 0,25. (De fato, este último parece ter causado problemas para um número espantoso de pessoas, apesar do fato de que tudo o que se pede é que se subtraia $\frac{1}{4}$ de 6.)

A maioria das pessoas conseguiu lidar bem com a adição de números decimais e não passou aperto quando diante da adição ou subtração de números inteiros, mas a adição e a subtração de frações eram realmente mortais. Adições como $\frac{1}{5}+\frac{2}{3}$, $\frac{1}{2}+\frac{5}{6}$, e $5\frac{1}{3}+4\frac{3}{4}$ mostraram-se um grande desafio, assim como as subtrações $\frac{3}{4}-\frac{2}{3}$, $\frac{3}{5}-\frac{1}{10}$ e $3\frac{1}{3}-\frac{1}{2}$.

A divisão de frações — com a complicada regra de "inverter o divisor e multiplicar" — também causou dificuldades até no caso dos exemplos supostamente fáceis como $8÷\frac{1}{2}$, que dirá nos casos "mais difíceis" como $\frac{3}{2}÷\frac{1}{4}$ ou $\frac{2}{3}÷\frac{4}{5}$.

Talvez o resultado mais surpreendente do teste de matemática do AMP seja o número de indivíduos que deram resposta incorreta para a multiplicação $16×\frac{1}{2}$, embora tenham se saído bem com os problemas $\frac{2}{3}×\frac{5}{7}$ e $\frac{4}{5}×\frac{3}{4}$.

À primeira vista, não é evidente o que torna alguns problemas mais difíceis de resolver do que outros. Mas existe um padrão. Todas as questões nas quais as pessoas se saíram razoavelmente bem podem ser solucionadas exatamente como se apresentavam. Todos os problemas que causaram dificuldade exigiam ou alguma transformação inicial antes que pudessem ser resolvidos, ou então, no caso da multiplicação decimal, uma transformação final, como a colocação correta da vírgula. Por exemplo, a adição ou a subtração de frações requer uma transformação inicial para tornar os denominadores iguais (por exemplo, escrever $\frac{1}{5} + \frac{2}{3}$ como $\frac{3}{15} + \frac{10}{15}$), e divisão de frações exige uma inversão inicial do divisor (por exemplo, transformar $\frac{3}{2} \div \frac{1}{4}$ em $\frac{3}{2} \times \frac{4}{1}$). Até a operação aparentemente simples $16 \times \frac{1}{2}$ deve primeiro ser transformada em $16 \div 2$.

A principal dificuldade com a aritmética escolar, aparentemente, não está nas adições, subtrações, multiplicações e nem mesmo nas divisões básicas, mas nas transformações que freqüentemente têm que ser feitas antes ou depois desses passos aritméticos básicos. Essa hipótese foi confirmada por um teste adicional a que os pesquisadores do AMP submeteram os participantes, que mostrava que estes tinham bom conhecimento das operações básicas de adição, subtração, multiplicação e divisão de pares de números com um, dois ou até três dígitos positivos inteiros. Por exemplo, as pessoas não tinham nenhuma dificuldade para fazer contas como $12 + 9$, $31 - 11$, 7×12, ou $72 \div 9$.

Para resumir, o motivo pelo qual as pessoas têm dificuldades com aritmética escolar parece residir no fato de que elas saem da escola sem ter dominado a matéria, ou tendo compreendido apenas parcialmente as importantes regras de transformação.

Tal observação é particularmente intrigante porque os compradores no supermercado parecem resolver quase todos os seus problemas numéricos por uma série de operações que transformam o problema em outro equivalente que pareça mais fácil, conseguindo evitar completamente a execução de cálculos de verdade (no sentido habitual da palavra "cálculo"). Uma vez que as transformações que os compradores fazem corretamente ao determinar qual é a compra mais em conta em geral correspondem às transformações que deveriam ser feitas para solucionar o problema de matemática escolar equivalente, a explicação mais provável para a disparidade é que os alunos *decoram* os procedimentos de transformação ensinados na escola, sem jamais alcançar qualquer compreensão real. Mas logo que esse aluno se torna um consumidor adulto, ele tem pouca dificuldade para desenvolver a habilidade de aplicar as mesmas transformações a situações da vida real.

A diferença entre o desempenho em testes no estilo escolar e o uso de aritmética na vida real parece particularmente drástica quando percebemos que os participantes do AMP estavam dedicando toda sua atenção aos problemas da prova de aritmética no estilo escolar e chegando a resultados errados enquanto realizavam as operações aritméticas (equivalentes) com precisão quase completa quando faziam compras e simultaneamente tomavam parte em outras atividades que envolviam vários outros processos de pensamento, estando sujeitos a distrações e interrupções.

Descobertas semelhantes surgiram de outros estudos realizados por outros pesquisadores. Só para exemplificar, há um estudo com empregados de uma leiteria que preparavam o carregamento de caminhões de entrega. Em seu trabalho diário, os carregadores não cometiam quase nenhum engano ao calcular a quantidade a ser posta no caminhão, apesar de alguns produtos serem armazenados em caixas de 16 embalagens, outros de 32, outros de 48 e, além disso, algumas caixas serem enviadas completas enquanto outras apenas parcialmente cheias. Mas, quando confrontados com um teste do tipo escolar com exatamente as mesmas tarefas aritméticas, os carregadores acertavam em média apenas parcos 64%.

Embora o grau de escolaridade dos trabalhadores da leiteria tenha influenciado suas pontuações no teste em estilo escolar, este fator não afetava seu desempenho na aritmética do trabalho. Na verdade, alguns dos carregadores que não tinham completado o ensino básico desempenhavam as tarefas aritméticas do trabalho tão bem quanto qualquer outro, embora estas freqüentemente envolvessem aritmética mais avançada do que qualquer coisa que eles tivessem encontrado em sala de aula. Além disso, quanto mais experiência tivessem na leiteria, e conseqüentemente mais distante estivessem da época de suas lições de matemática na escola, mais desenvolvidas eram suas habilidades para resolver os cálculos aritméticos do trabalho.

Novamente, a evidência que encontramos no modo como as pessoas lidam com números em sua vida cotidiana, do ponto de vista pessoal ou profissional, mostra que o aprendizado de aritmética na escola aparentemente não tem o efeito que a maioria das pessoas acredita que deve ter, isto é, não proporciona o domínio de métodos eficientes para lidar com aritmética. Não quero dizer com isso que tal instrução é perda de tempo, ou que não leva a melhores habilidades numéricas. Acredito que mal-entendidos como esse estão por trás de muitos dos acalorados debates sobre a educação matemática que preocupam pais e profissionais do ensino.

O que a evidência seguramente nos mostra, contudo, é que se nós quisermos aumentar a probabilidade de aprender matemática, precisaremos avaliar longa e arduamente a forma e o contexto no qual a matemática é apresentada. Retornaremos a este tópico nos últimos capítulos do livro. Mas primeiro vamos ver como é que os seres humanos conseguem superar todos os outros animais com os números e a aritmética.

Se você for uma das muitas pessoas que se desculpam por um desempenho mediano em aritmética, argumentando que é bem melhor com a linguagem, então você pode acabar tendo uma surpresa, já que a principal capacidade mental que permite aos seres humanos lidar com a aritmética é exatamente nossa habilidade lingüística.

11
Todos os números grandes e pequenos

Como vimos no Capítulo 1, os seres humanos nascem (ou adquirem automaticamente logo depois do nascimento) com um senso de número que lhes permite distinguir um, dois ou três objetos ou sons. Aos quatro meses, são capazes de saber (talvez inconscientemente) que, quando se juntam dois objetos isolados, o resultado é um conjunto de dois objetos, não um, nem três. Sabem que quando retiramos um objeto de um conjunto de dois, o que sobra é um objeto, não dois e tampouco nenhum.

Ainda que isso possa parecer bastante surpreendente, essas habilidades não são exclusivas dos seres humanos. Usando técnicas similares às usadas com crianças pequenas, psicólogos de animais mostraram que ratos, vários tipos de aves, leões, cães, macacos, chimpanzés e outros animais têm uma percepção de números similar. Mas há algumas diferenças significativas. Uma diferença entre o homem e os animais em termos de habilidades numéricas é que, mesmo em uma fase inicial, os bebês humanos superam todas as outras espécies em termos de precisão.

Outro aspecto em que os seres humanos se destacam de todas as outras espécies é na capacidade de perceber mais do que simplesmente um, dois ou três e lidar com números muito maiores. Mas isso nós fazemos adotando um método muito diferente, baseado na contagem. Esta abordagem utiliza capacidades mentais diferentes, localizadas em uma região do cérebro distinta da que aloja a percepção numérica.

Como nós contamos?

A capacidade de contar parece quase, mas não totalmente, unicamente humana. Com muito treinamento, os cientistas conseguiram ensinar chimpanzés, outros macacos antropomorfos e alguns pequenos macacos a contar até mais ou menos dez com um nível de confiança razoável (mas nunca perfeito — ver Capítulo 9). Mas, quando se trata de números, só os seres humanos romperam completamente a barreira do três. A única coisa que limita o tamanho dos conjuntos que conseguimos contar é o tempo que temos disponível. Depois que aprendemos o truque da contagem quando somos criancinhas, não há mais limites para o quanto conseguimos contar, desde que tenhamos tempo.

Intimamente relacionada com a contagem está nossa capacidade de usar símbolos arbitrários para denotar números e manipulá-los por meio de operações com esses símbolos. Esses dois atributos humanos nos permitem dar o primeiro passo, de uma percepção congênita de quantidade ao vasto e poderoso mundo da matemática.

A primeira coisa que devemos perceber com relação à contagem é que não se trata simplesmente de dizer quantos elementos há em um conjunto. O número de elementos em um conjunto é apenas um *fato* relacionado com o conjunto. Contar os elementos, por outro lado, é um *processo* que envolve ordenar o conjunto de alguma maneira e depois percorrer o conjunto nessa ordenação, contar um a um seus elementos.

Estamos tão habituados à contagem como um meio de responder à pergunta "quantos?" que esquecemos que tivemos de aprender que a contagem nos diz "quantos". Crianças bem novinhas enxergam a contagem e os números de forma um tanto desconectada. Peça a um menino de três anos que conte seus brinquedos e ele o fará sem errar: "Um, dois, três, quatro, cinco, seis, sete." Pode ser até que ele aponte para cada brinquedo à medida que conta. Mas pergunte quantos brinquedos ele tem e é bem provável que responda com o primeiro número que lhe vier à cabeça. Ou peça a uma menininha de quatro anos que lhe dê três brinquedos e ela provavelmente entregará tantos quantos conseguir pegar de uma vez. E, contudo, se incitada, ela recitará alegremente os números da contagem: "Um, dois, três, quatro, cinco,..."

Por volta dos quatro anos de idade, as crianças percebem que contar nos dá um meio de descobrir "quantos". Parte dessa descoberta consiste no reconhecimento de que, quando você está contando os elementos de um conjunto, a ordem em que os conta não importa. O número que obtém no final é sempre o mesmo. A partir deste momento, contar conjuntos de qualquer tamanho se torna apenas uma questão de saber como usar a linguagem dos números: começar com a seqüência inicial de palavras para os números básicos de um a dez, depois contar "onze, doze,..." até "dezenove", em seguida utilizar o "vinte" e conjugá-lo com as unidades de um a nove, e assim por diante.

Uma evidência que nos faz lembrar de que contar é uma capacidade que adquirimos (e não que nasceu conosco) reside nos estudos das chamadas sociedades primitivas que não fazem uso da contagem. (Mais precisamente, elas não contam além de dois, o que essencialmente significa que na verdade não contam.) Por exemplo, quando um membro da tribo vedda do Sri Lanka quer contar cocos, ele junta um monte de palitos e associa um a cada coco. A cada vez que adiciona um palito, ele diz "Aqui tem um". Mas se lhe pedimos que nos diga quantos cocos tem simplesmente aponta para a pilha de palitos e diz "essa quantidade". Assim, o homem dessa tribo tem um sistema de contagem (ou mais precisamente, um sistema de representação de quantidade), mas não usa números. Há ainda os Walpiris, uma tribo aborígine da Austrália. Sua língua nativa permite que contem até dois, após o que todo o resto é simplesmente "muitos". O fato de os membros dessa tribo não terem dificuldade para aprender a contar em inglês mostra que a questão não é que eles sejam incapazes de contar. Na verdade, sua língua nativa remonta a uma época em que contar era simplesmente "um, dois, muitos". (Outros povos "primitivos" contam "um, dois, três, muitos". Mas nunca "um, dois, três, quatro, muitos". O ponto de corte para a percepção universal de números é o três.)

Como nossos ancestrais começaram a desenvolver a idéia da contagem em detrimento da estimativa que usa a percepção congênita de números? Bem, eles provavelmente começaram como uma criancinha faz hoje em dia, usando os dedos. Como todos os pais ou professores sabem, as crianças usam espontaneamente os dedos quando aprendem aritmética. Na realidade, é tão premente a necessidade da criança de contar nos dedos que, se um pai ou professor tentar impedi-la, ela simplesmente usará os dedos disfarçadamente. E quanto à idéia de que prescindir dos dedos é parte da maneira adulta, todos nós sabemos que muitos adultos usam os dedos ao efetuar cálculos.

Certamente uma evidência de que a contagem começou com a enumeração baseada nos dedos é fornecida pelo fato de nosso sistema numérico ser de base 10. Como temos dez dedos, se usarmos nossos dedos para contar, estouraremos o limite quando chegarmos ao dez, e então teremos que encontrar outro modo de registrar esse fato (talvez movendo uma pedrinha com o pé), para começar de novo com os dedos. Em outras palavras, a aritmética dos dedos é a aritmética de base 10, em que temos o vai-um quando chegamos a dez.

Outra evidência a favor da hipótese de que a aritmética tenha começado com a manipulação dos dedos consiste no fato de que a palavra dígito, que usamos para os numerais básicos, deriva do latim *digitus* (dedo).

É verdade que nenhuma dessas evidências é conclusiva por si só. Mas elas se tornam muito sugestivas quando combinadas com algumas experiências recentes da neurociência.

Usando várias técnicas, os cientistas conseguem medir o nível de atividade em diferentes partes do cérebro enquanto este se dedica a determinadas tarefas. Por exemplo, é no lobo frontal que se situa a maior parte da atividade cerebral quando uma pessoa usa a linguagem. Em certo sentido, o lobo frontal é o centro da linguagem no cérebro. Estudos em laboratório mostraram que quando uma pessoa está fazendo aritmética a atividade cerebral mais intensa se situa no lobo parietal esquerdo, a parte do cérebro que fica atrás do lobo frontal. Acontece que estudos semelhantes mostraram que o lobo parietal esquerdo também é a região que controla os dedos. (É preciso uma quantidade considerável de atividade cerebral para que tenhamos versatilidade e coordenação nos dedos, muito mais do que a dispensada a outras partes do corpo. Por isso há uma grande parte do cérebro dedicada a essa tarefa.)

Não é por coincidência que a parte do cérebro que usamos para contar é a mesma que controla os movimentos de nossos dedos. Creio que é uma conseqüência do fato de que a contagem começou (na época de nossos ancestrais) com a enumeração pelos dedos e, ao longo do tempo, o cérebro humano adquiriu a capacidade de "desconectar" os dedos e fazer a contagem sem precisar manipulá-los fisicamente.

Em apoio a evidências dos laboratórios de neurociência, os psicólogos clínicos também encontraram uma ligação entre o controle dos dedos e a habilidade numérica. Os pacientes que sofrem lesões no lobo parietal esquerdo do cérebro freqüentemente manifestam um problema raro conhecida como síndrome de Gerstmann, cujos portadores sofrem deficiências na percepção de sensações relacionadas com os dedos. Por exemplo, se você tocar o dedo de um paciente, ele não poderá dizer em qual dedo você tocou. Em geral os portadores também são incapazes de distinguir esquerda de direita. Mais interessante, de nosso ponto de vista, as pessoas com síndrome de Gerstmann invariavelmente têm dificuldades para lidar com números.

Se o primeiro ingresso de nosso antigo ancestral *Homo sapiens* no mundo dos números, talvez há cinqüenta ou cem mil anos, foi pelo caminho dos dedos, então a grande região do cérebro que controla os dedos seria aquela em que se localizaria a atividade mental aritmética mais abstrata de seus descendentes. É muito provável que nossa percepção numérica contemporânea estritamente mental seja uma abstração da manipulação física dos dedos daqueles remotos ancestrais. A aritmética mental pode ser, essencialmente, manipulação de dedos "desligada", que se tornou possível quando o cérebro de nossos ancestrais adquiriu a capacidade de desconectar os processos cerebrais, associados à manipulação dos dedos, dos músculos que controlam seus movimentos.

Símbolos de uma mente numérica

Contar nos dedos indica que temos senso de numerosidade, mas não implica necessariamente que tenhamos o conceito de *número*, que é puramente abstrato. Se eu disser "este pote contém cinco centavos", minha afirmação é sobre o pote e seu conteúdo, não sobre números. A palavra "cinco" funciona como um adjetivo que modifica o significado de centavos. Por outro lado, se eu disser "pense no número cinco", estarei usando a palavra cinco como substantivo. Desta forma, cinco indica um determinado objeto. Qual objeto? *O número cinco*. O número cinco não é um objeto concreto como uma cadeira, mas um objeto abstrato. Não podemos tocá-lo ou cheirá-lo. Mas podemos pensar nele e podemos usá-lo.

Esses objetos abstratos que chamamos de números são a chave da matemática moderna. Eles nos permitem fazer a transição da matemática congênita e subconsciente (a capacidade que partilhamos com muitas outras criaturas) para a matemática simbólica desenvolvida conscientemente, que é quase uma exclusividade humana. Como e quando conseguimos isso?

Há remotos 30 mil anos, nossos ancestrais talhavam marcas em madeira e ossos para manter o controle (assim acreditamos) da passagem das estações ou das fases da Lua e, possivelmente, de outras coisas também. Esse era definitivamente um processo de contagem, mas não envolvia números abstratos.

Atualmente a melhor evidência que temos da introdução dos números *abstratos* de contagem (1, 2, 3 e assim por diante) no lugar das marcações foi descoberta pela arqueóloga da Universidade do Texas Denise Schmandt-Besserat, nas décadas de 1970 e 80. Naquela época, Schmandt-Besserat estava investigando sítios arqueológicos no Oriente Médio, onde floresceu a avançada sociedade suméria por volta de 3300 a 2000 a.C.

Onde quer que Schmandt-Besserat escavasse, encontrava pequenas peças de argila de diferentes formatos, incluindo esferas, discos, cones, tetraedros, ovóides, cilindros, triângulos e retângulos. As mais antigas eram mais simples, as mais recentes, freqüentemente um tanto intrincadas. A princípio ela ficou intrigada com os achados. Mas aos poucos, à medida que ela e outros arqueólogos lentamente reuniam informações e obtinham um quadro coerente da civilização suméria, ficou claro que esses artefatos eram usados no comércio como unidades concretas de contagem. Cada formato representava certo número ou quantidade de um item: um metal, uma jarra de óleo, um pão, um boi, uma ovelha, uma jóia e assim por diante. (Ver Figura 11.1.)

Figura 11.1 Estas pequenas peças em argila, encontradas por Denise Schmandt-Besserat, eram usadas pelos sumérios para contar bens entre 3300 e 2000 a.C.

Até onde sabemos, essa é a mais antiga forma de contagem (e de contabilidade) organizada. Observe que ainda não havia números abstratos. Como os artefatos de argila eram usados para contar, podemos considerá-los uma espécie bastante concreta de "número". Assim, eles constituíram o primeiro passo em direção aos números abstratos que usamos atualmente.

Um homem de negócios ou um comerciante sumério manteria todos os seus artefatos em um mesmo local como um registro de seus bens financeiros. Em geral, ele colocaria sua pilha de artefatos sobre uma folha de argila úmida, que ele dobraria, formando uma bolsa que em seguida seria selada. Esse método era certamente seguro. Uma vez que a argila secasse, não haveria perigo de perder o registro de seus bens. O problema óbvio surgia na hora do comércio. O sumério tinha que quebrar a bolsa para atualizar seus registros adicionando ou removendo artefatos. Pior ainda, tinha que quebrá-la sempre que quisesse simplesmente verificar seu saldo.

Para contornar a frustração de ter constantemente que quebrar a bolsa e fazer uma nova, os sumérios mais empreendedores adotaram o hábito de pressionar a peça de argila na superfície de argila úmida antes de selá-la, formando a bolsa. Deste modo, deixavam um registro na superfície externa da bolsa, dentro da qual estavam lacrados os artefatos. Isso significava que os sumérios não tinham mais que abrir a bolsa apenas para verificar o saldo. Tudo o que precisavam fazer era examinar as marcações do lado de fora.

E as coisas permaneceram assim (nós supomos) até que um sumério particularmente astuto percebeu que podia fazer mais uma simplificação. Do jeito que as coisas estavam, as peças dentro da bolsa representavam certa quantidade de bens. Por outro lado, essas peças eram representadas por marcações na bolsa causadas pelos próprios artefatos, pressionados na argila úmida antes que esta endurecesse. Mas isso significa que você não precisava dos artefatos em si! A informação crucial estava nas marcações do lado de fora da bolsa. Você poderia passar muito bem sem nenhum artefato e se basear simplesmente nas marcas na argila. Então, é claro que a argila não precisaria mais ser moldada como uma bolsa fechada. Poderia ser deixada na forma de uma folha plana, como podemos ver na Figura 11.2.

Nesse momento se situa a origem de dois dos mais básicos sustentáculos da sociedade moderna. Primeiro, temos o marco do princípio da linguagem simbólica. Por "simbólica" refiro-me ao uso de símbolos padronizados mas essencialmente arbitrários para representar idéias, em oposição aos desenhos e figuras reconhecíveis. De acordo com Schrnandt-Besserat, o uso de símbolos pelos sumérios para representar números veio antes da introdução da linguagem escrita, na qual os símbolos denotam

Figura 11.2 Os primórdios da escrita. Quando os sumérios pararam de armazenar artefatos de argila e começaram a fazer marcações em uma barra de argila úmida, eles efetivamente inventaram os números abstratos e deram o primeiro passo para a linguagem escrita.

palavras. Se isso for verdade, o fato de que a força motriz por trás da introdução dos símbolos escritos tenham sido os números e não as palavras, nos dá ainda outro sinal do quão fundamentais são os números para nós.

A segunda mudança fundamental desencadeada pelo abandono dos artefatos de argila nas bolsas dos sumérios reside no fato de que isso significou, para todos os fins e propósitos, o nascimento dos números abstratos. Isso porque, quando os pedaços de argila foram descartados, eles deixaram entre nós seus fantasmas conceituais: números abstratos — aquilo que era denotado pelos símbolos e que, por sua vez, representava a numerosidade de conjuntos de objetos no mundo.

Atualmente, os números e os símbolos para denotá-los estão tão consolidados em nossa vida que raras vezes paramos para pensar neles. Nós às vezes pensamos nos passos de um cálculo ou em um problema de aritmética, mas não nos números em si. E no fim das contas, eles constituem uma das mais profundas e poderosas invenções humanas, e permeiam quase todos os aspectos da vida moderna.

O próprio caráter abstrato dos números implica que temos que tomá-los e manipulá-los através da linguagem. Ao contrário de objetos concretos, como gatos e cadeiras ou outras pessoas, nos quais podemos pensar sem a necessidade de palavras ou outros símbolos que lhes façam referência, os números estão intimamente ligados aos símbolos que os denotam.

Alguns matemáticos podem fazer objeções a essa última observação, e eu mesmo, como matemático, posso entender suas objeções. Existe um sentido no qual os matemáticos, e possivelmente outras pessoas também, podem desenvolver uma capacidade de pensar em números separadamente dos símbolos que denotam. Mas a ligação não pode ser completamente rompida. Evidências drásticas desse fato foram fornecidas por dois pesquisadores israelenses, Avishai Henik e Joseph Tzelgov, no princípio da década de 1980. Eles mostraram para alguns indivíduos pares de dígitos na tela de um computador representados com fontes de tamanhos diferentes e mediram o tempo que levava até que a pessoa concluísse qual símbolo era exibido numa fonte maior.

De início, essa tarefa não tem absolutamente nada a ver com o número denotado pelo dígito. A tarefa se refere puramente ao tamanho do símbolo. Entretanto os indivíduos demoravam mais a responder quando os tamanhos das fontes entravam em conflito com a relação de tamanho entre os números do que quando elas coincidiam. Por exemplo, levava-se mais tempo para decidir que o símbolo 3 estava maior do que o 8 do que para decidir que o número 8 estava maior do que o número 3. Os participantes não conseguiam esquecer o fato de que o número 8 é maior do que o número 3. Parece que somos incapazes de separar os símbolos numéricos das quantidades que eles denotam. (As pessoas têm muito menos dificuldade para concluir qual a maior fonte quando os números são apresentados com pares de palavras, como **Três e Nove**.)

Por estarmos tão familiarizados com os símbolos numéricos e por muitos de nós termos passado tanto tempo na escola, tendemos a identificar uma seqüência de algarismos, como 349 (isto é, uma lista de três símbolos) com o número que denota — pensamos em "349" como o número trezentos e quarenta e nove. Isso pode nos levar a ignorar o fato de que nosso sistema numérico constitui uma linguagem. É uma linguagem para nomear números. É o que há de mais próximo no mundo de um idioma genuinamente internacional. Embora as pessoas de diferentes partes do planeta falem línguas distintas e em alguns lugares usem alfabetos diferentes para escrever palavras, todo o mundo escreve os números do mesmo modo, usando os dez algarismos arábicos 0, 1, 2, 3, 4, 5, 6, 7, 8, 9.

É realmente bastante notável que, usando apenas esses dez algarismos (ou dígitos), possamos representar qualquer número inteiro positivo. A idéia que faz com que isso funcione nos é tão familiar que raramente paramos e nos damos conta de que se trata de uma invenção extremamente inteligente. Isto é, usamos os dígitos para formar "palavras numéricas" que nomeiam números da mesma maneira que juntamos letras para criar palavras que nomeiam vários objetos ou ações no mundo.

O número denotado por um determinados dígito em qualquer "palavra numérica" que escrevemos depende de sua posição na palavra. Assim, no número 1492 o primeiro dígito, o 1 (na coluna do milhar), denota o número um mil, o segundo dígito, o 4 (na coluna da centena), denota quatrocentos, o terceiro dígito, o 9 (na coluna da dezena), denota nove dezenas (ou noventa), e o último dígito, o 2 (na coluna da unidade), denota o número dois. Desse modo, a "palavra" inteira 1492 denota o número ·

um mil *quatro*centos e *nove*nta e *dois*.

Esse sistema de numeração foi desenvolvido na Índia e essencialmente alcançou sua forma atual no século VI. Foi introduzido no Ocidente por comerciantes e estudiosos árabes no século VII, e por isso é chamado de "sistema de numeração indo-arábico" ou, mais simplesmente, "sistema arábico". É uma das invenções conceituais mais bem-sucedidas de todos os tempos.

Uma vez que o sistema arábico se tornou disponível para a representação de qualquer número inteiro positivo, foi fácil estendê-lo de modo a representar quantidades fracionárias e negativas. A introdução da vírgula decimal ou da barra de fração permitiu que representássemos qualquer quantidade fracionária (3,1415 ou $\frac{31}{50}$, por exemplo). A introdução do sinal de menos "–" estendeu sua abrangência a todas as quantidades negativas, inteiras ou fracionárias. (Os números negativos foram inicialmente utilizados pelos matemáticos indianos do século VI, que denotavam quantidades negativas desenhando um círculo em volta do número; os matemáticos europeus só aceitaram completamente a idéia de ter números negativos no começo do século XVIII.)

Para ter uma idéia da eficiência do sistema de numeração arábico, basta pensar por um momento em um dos sistemas que o precederam: os numerais romanos, ainda usados ocasionalmente, sobretudo em contexto cerimonioso.

A data 1492 em numerais romanos seria expressa como

MCDXCII

M (mil) + CD (cem [C] a menos do que quinhentos [D]) + XC (dez [X] a menos do que cem [C]) + II (dois [I e I])

Para os romanos, com sua notação desajeitada de número com I, V, X etc., era difícil representar simbolicamente até as contas aritméticas mais simples. (Experimente algumas adições e multiplicações e tire suas próprias conclusões.) Além disso, os romanos não tinham nenhuma forma de representar quantidades fracionárias ou negativas.

Os romanos derivaram seu sistema dos gregos antigos. Com toda sua ousadia em matemática abstrata (particularmente em geometria), em sua vida cotidiana os gregos antigos usavam um sistema muito simples e pouco prático para representar números. O ponto de partida do sistema de numeração grego é um método que muitos de nós usam atualmente para contar conjuntos, como o número de pessoas em um grupo de excursão. Fazemos traços em um pedaço de papel, agrupando-os de cinco em cinco com um traço diagonal que cobre os quatro anteriores quando o (quinto) item é contado. Por exemplo, a lista de símbolos

𝗝𝗛𝗧 𝗝𝗛𝗧 𝗝𝗛𝗧 III

denota 18 objetos (5 + 5 + 5 + 3).

Os gregos também usavam traços verticais, só que os agrupavam em múltiplos de cinco, dez e cem, utilizavam a primeira letra da palavra (grega) para cada grupo e escreviam agrupamentos de tais símbolos da esquerda para a direita. Por exemplo, os gregos escreveriam o número 428 como

HHHHDDPIII

Isto é: 4 × H (*Hekaton*, ou cem) mais 2 × D (*Deka*, ou dez) mais 1 × P (*Pente*, ou cinco) mais 3 (unidades).

O sistema de numeração arábico constituiu um avanço enorme com relação aos sistemas que o precederam. Não apenas porque tornava os cálculos muito mais fáceis, mas também porque, com ele, as "palavras numéricas" podiam ser lidas em voz alta e, além disso, a versão falada refletia a estrutura numérica em termos das unidades, dos múltiplos de dez, dos múltiplos de cem e assim por diante. Por exemplo, a palavra numérica arábica 5823 podia ser lida em voz alta como a frase numérica em português "cinco mil oitocentos e vinte e três". (A seguir consideraremos as conseqüências aritméticas das variações da leitura dos números arábicos em diferentes idiomas, como o japonês ou o chinês.)

Outra vantagem do sistema arábico de numeração é o fato de ele constituir uma linguagem. Conseqüentemente, permite ao homem, que tem fluência lingüística inata, o uso de suas habilidades idiomáticas como ferramenta para manipular números. Assim, enquanto nossa percepção intuitiva de número reside no lobo parietal esquerdo, a representação "lingüística" dos números exatos está situada no lobo frontal (o centro da linguagem), como veremos em mais detalhes adiante.

Embora o uso dos símbolos 1, 2, 3, 4, 5, 6, 7, 8, 9 para os dígitos seja agora universal, no passado existiram outros, inclusive os sistemas cuneiforme, etrusco, maia, chinês antigo, indiano antigo e o romano já mencionado. Os chineses ainda usam uma variação moderna de seu antigo sistema, além da notação arábica, e as sociedades ocidentais, como sabemos, ainda usam numerais romanos para determinados propósitos.

À luz de nossas primeiras discussões sobre a percepção de número e a natureza especial dos primeiros três números da contagem 1, 2, 3, é interessante notar que em todos os sistemas de representação de números já usados, estes sempre foram denotados do mesmo modo: 1 denotado por um traço ou ponto único, 2 por dois de tais símbolos colocados lado a lado, e 3 por três destes símbolos agrupados. No caso do sistema romano, por exemplo, os três primeiros numerais são I, II, III. Em notação maia, são usados pontos: •, • •, • • •. Os vários sistemas começam a diferir a partir do quarto número.

Pode parecer que o sistema arábico não siga este padrão, mas ele o faz. O antigo sistema indiano utilizava barras horizontais, como: –, =, ≡. Nossos algarismos atuais surgiram quando as pessoas começaram a escrever esses três símbolos sem tirar a caneta do papel, gerando este tipo de padrão: —, Z, ∃. Em algum momento, o primeiro símbolo passou a ser vertical, como no sistema romano. Quando a imprensa foi inventada, os numerais receberam as versões estilizadas que usamos até hoje: 1, 2, 3.

O sistema de numeração arábico, inclusive as regras segundo as quais os dígitos são arranjados lado a lado, formando as "palavras" numéricas (a "gramática"), é baseado no número dez. Não existe nenhum mistério sobre esta escolha de base. Como observamos antes, uma das mais antigas e mais óbvias maneiras de contar descobertas pelos povos foi o uso dos dedos — seus dígitos.

A propósito, a idéia original de denotar números usando um pequeno conjunto de símbolos básicos e os agrupando para formar "palavras" numéricas se deve aos babilônios, por volta de 2000 a.C. Como tinha base 60, o próprio sistema babilônico era bem pouco prático, e assim não teve aceitação difundida, embora nós ainda o utilizemos em nossas medidas de tempo (60 minutos fazem uma hora, 60 segundos formam um minuto).

Além de ser a base natural para a contagem com os dedos, não existe nada imprescindível na base 10 e outras bases foram — e continuam sendo — usadas com vários propósitos. Os modernos computadores, em particular, usam a aritmética de base 2 (binária), o sistema mais conveniente para os dispositivos eletrônicos digitais. Nosso sistema de marcação de horas faz uso da base 12 (ou 24 para alguns propósitos, como horários dos trens).

Como mencionamos anteriormente, um dos aspectos mais poderosos da notação arábica é a possibilidade de efetuar aritmética mediante manipulações formais bem diretas (e facilmente aprendidas) de símbolos. Quando efetuamos adições, por exemplo, escrevemos todos os números, um embaixo do outro, alinhados em colunas a partir da direita, e depois somamos os dígitos em cada coluna da direita para a esquerda. Sempre que a soma em uma coluna alcança 10, colocamos um zero naquela coluna e acrescentamos 1 na coluna seguinte à esquerda. Este procedimento pode ser realizado de forma automática. Os passos executados não dependem dos números envolvidos. Em particular, nós podemos projetar máquinas para fazer isso para nós. O mesmo vale para as outras operações aritméticas básicas, subtração, multiplicação e divisão. Para cada operação, existe um procedimento padrão que sempre funciona, independente dos números em questão.

A notação arábica faz da aritmética básica um processo tão mecânico que, na época em que não havia uma ampla disponibilidade de calculadoras baratas de bolso, a necessidade de aprender a calcular tornou as aulas de aritmética elementar nas escolas muito pouco populares para a maioria de alunos. É uma grande pena que por tantos anos nossos métodos de ensino tenham sido tais que, para muitos indivíduos, possivelmente para a maioria, uma das maiores invenções conceituais do gênero humano seja ignorada sem receber o devido reconhecimento, obscurecida pelas trivialidades da manipulação simbólica. O sistema de numeração arábico é uma invenção humana incrível, conciso e facilmente compreendido. Permite que representemos números de magnitude ilimitada — números que podem ser aplicados a conjuntos e medidas de todos os tipos. Além disso, e esta é seguramente sua principal vantagem, reduz os cálculos com números à manipulação rotineira de símbolos em uma página (ou pulsos elétricos no interior de um computador). De fato, até onde posso entender, o sistema de numeração arábico tem somente uma desvantagem: dificulta o aprendizado de nossas tabuadas de multiplicação.

Por que você nunca tem certeza de quanto dá 8×7

Como observamos, nosso cérebro parece lidar com símbolos numéricos e palavras para números de forma diferente. Os símbolos numéricos estão intimamente ligados com os números reais (os pontos em nossa linha mental dos números), enquanto as palavras para números são "apenas os nomes" deles. Essa hipótese surgiu nos estudos de pessoas com distúrbios cerebrais patológicos.

Por exemplo, existem pessoas que são incapazes de ler palavras, mas que conseguem ler em voz alta um número com um ou mais dígitos representado por numerais. Por outro lado, há alguns indivíduos que conseguem ler palavras, inclusive palavras que denominam números e expressões literais para números com vários dígitos, mas são incapazes de ler em voz alta um número com dois ou mais algarismos que seja representado por numerais.

O psicólogo Brian Butterworth relatou o caso extremo de uma mulher chamada Donna que teve o lobo frontal esquerdo de seu cérebro operado. Embora ela consiga ler e escrever números com um ou mais dígitos empregando numerais, não apenas ela não consegue ler ou escrever palavras como também só é capaz de reconhecer mais ou menos metade das letras do alfabeto. Apesar de sua incapacidade de escrever até o próprio nome — o resultado é um rabisco ilegível — quando submetida a um teste de aritmética normal (no qual as questões eram apresentadas de forma puramente numérica) ela se saiu bem, escrevendo os numerais nitidamente em colunas e chegando invariavelmente à resposta correta.*

O fato de termos acesso aos números por meio da linguagem é a chave para compreendermos por que muitos de nós têm dificuldade para aprender as tabuadas de multiplicação. A princípio, aprender a tabuada da multiplicação deveria ser fácil. Há,

---

*Butterworth, 1999, pp. 197-299.

afinal, somente alguns fatos envolvidos nessa tarefa. Se você tivesse que aprender o produto de cada número de 1 a 10 com cada número de 1 a 10, existiriam 100 fatos isolados. Este é um número minúsculo quando você considera que por volta dos seis anos de idade, uma criança americana típica conhece entre 13.000 e 15.000 palavras, que é capaz de reconhecer de forma contextualizada e de associar ao significado correto. Mas há muito menos do que 100 fatos relacionados com a multiplicação, que você precisa decorar. Para começar, ninguém precisa aprender a tabuada de multiplicação por um ou por dez. Descontando estas, o conjunto completo da tabuada de multiplicar fica com apenas 64 fatos isolados (cada um dos números 2, 3, 4, ..., 9 multiplicado por cada um dos números de 2 a 9). A maioria das pessoas não tem muita dificuldade com a tabuada do dois ou a do cinco. Descontando estas últimas, sobram apenas 36 multiplicações envolvendo números de um dígito que exigem algum esforço para que sejam memorizadas. (Cada um dos números 3, 4, 6, 7, 8, 9 vezes cada um dentre 3, 4, 6, 7, 8, 9.) De fato, qualquer um que lembre que podemos trocar a ordem da multiplicação (por exemplo, 4×7 é igual a 7×4) pode reduzir pela metade o total de contas a ser memorizado, chegando a 18. Assim, a quantidade total de fatos isolados que precisam ser aprendidos para o domínio das tabuadas completas de multiplicar reduz-se a 18. Então, por que achamos tão difícil lembrá-los?

O problema tem a ver com a linguagem. Nós aprendemos e lembramos nossas tabuadas de multiplicar em termos de padrões lingüísticos, de forma bastante similar à maneira como aprendemos um poema. Mais comumente, quando estamos no primário, somos convocados a recitar as tabuadas inúmeras vezes. O que estamos aprendendo, então, não é exatamente fatos sobre números, mas padrões de palavras da linguagem. Embora o uso regular das tabuadas possa levar o cérebro a ir além desses padrões de palavra e desenvolver genuínos "padrões de números", os padrões lingüísticos permanecem dominantes. Ainda hoje, cinqüenta anos depois de eu ter "aprendido minhas tabuadas", ainda lembro o produto de quaisquer dois números de um dígito recitando em minha cabeça a parte da tabuada em questão. Lembro do som dos nomes dos números pronunciados, não dos números em si. Na verdade, até onde sei, o padrão que escuto em minha cabeça é precisamente o que aprendi quando tinha sete anos (até com o sotaque de Yorkshire).

Da mesma maneira que a linguagem nos dá meios para aprender as tabuadas de multiplicar, também nos dá a chave para compreender por que temos tanta dificuldade com algumas multiplicações. Por que, apesar das muitas horas de prática e repetição na escola, adultos com inteligência média tendem a cometer erros em aproximadamente 10% das vezes? E por que, no caso de algumas multiplicações particularmente problemáticas como 8×7 ou 9×7, podemos levar até dois segundos para chegar a uma resposta, com o índice de erro subindo para 25%? (8×7 é igual a 54, 56 ou 63? E que tal 9×7? Outro caso peculiar.)

O problema não está em uma debilidade da mente humana, mas em dois de seus maiores pontos fortes. Primeiro, a mente é sem dúvida uma ferramenta soberba de reconhecimento de padrões. A eficácia da mente humana para discernir padrões pode ser observada quando pensamos em nossa capacidade de enxergar um rosto em uma paisagem, numa formação rochosa, no desenho abstrato de um papel de parede, ou na superfície da Lua.

O segundo grande ponto forte da mente humana é seu mecanismo poderoso de associação de padrões (ou memória). Como todos já percebemos, nossa memória funciona por associação: um pensamento leva a outro. Alguém menciona a Alemanha, e isso nos traz à mente nossas férias lá três anos atrás, que nos lembra que precisamos decidir para onde ir no próximo ano... Mas o telhado precisa ser consertado, então talvez devamos renunciar às nossas férias para pagar pelo conserto. Opa, esquecemos de pagar a conta do reparo da parede. E assim por diante, chegando da Alemanha até a conta da obra em apenas quatro passos, com um pensamento levando a outro em uma cadeia que poderia continuar para sempre se deixássemos.

Essas duas características da mente humana a tornam muito diferente de um computador digital. Apesar de um investimento enorme em dinheiro, talento e tempo nos últimos cinqüenta anos, as tentativas de desenvolvimento de computadores que possam dar sentido a uma cena visual têm fracassado largamente. E é apenas de forma muito limitada que os bancos de dados computacionais podem ser projetados para fazer associação de padrões. Por outro lado, temos dificuldade para fazer algumas coisas que os computadores executam com facilidade. Lembrar de nossas tabuadas de multiplicar é uma delas. Os computadores são bastante adequados ao armazenamento e recuperação de forma precisa de informações e ao cálculo exato. Um computador moderno pode fazer bilhões de multiplicações em um único segundo, obtendo em cada uma o resultado correto.

Como nós lembramos de nossa tabuada lingüisticamente, muitos dos diferentes dados interferem um no outro. Enquanto um computador "vê" as três multiplicações $7 \times 8 = 56, 6 \times 9 = 54$

e 8 × 8 = 64 como bem separadas e distintas entre si, a mente humana vê semelhanças entre essas três operações, em particular semelhanças lingüísticas no ritmo das palavras à medida que as recitamos em voz alta. Por exemplo, quando encontramos o padrão 7 × 8, são ativados vários padrões, entre os quais provavelmente encontraremos 48, 56, 54, 45 e 64.

Stanislas Dehaene ilustra essa questão de forma inteligente em seu livro *The Number Sense* com o seguinte exemplo (página 127): suponha que você tenha que se lembrar dos seguintes três nomes e endereços:

- Charlie David mora na avenida Albert Bruno
- Charlie George mora na avenida Bruno Albert
- George Ernie mora na avenida Charlie Ernie

Lembrar-se apenas dessas três informações parece bastante desafiador. Isso acontece porque existem muitas semelhanças e, como conseqüências, cada informação interfere em todas as outras. Mas esses são exatamente os dados da tabuada, só que disfarçados. Considere que os nomes Albert, Bruno, Charlie, David, Ernie, Fred e George representam os dígitos 1, 2, 3, 4, 5, 6, 7, respectivamente, e substitua a frase "mora na avenida" pelo sinal de igual, e você obtém as três multiplicações

- 3 × 4 = 12
- 3 × 7 = 21
- 7 × 5 = 35

É a interferência de padrão que causa nossos problemas. O fenômeno de interferência de padrão também é o motivo pelo qual demoramos mais para perceber que 2 × 3 = 5 está errado do que para perceber que 2 × 3 = 7 é uma afirmação falsa. A equação precedente é correta para a adição (2 + 3 = 5) e, assim, o padrão "2 e 3 dá 5" nos é familiar. Já no caso do segundo exemplo, não conhecemos nenhum padrão na forma "2 e 3 dá 7".

Encontramos esse tipo de interferência de padrão no processo de aprendizagem de crianças pequenas. Por volta dos sete anos, a maioria das crianças sabe de cor muitas adições de dois dígitos. Mas, à medida que elas começam a aprender as tabuadas da multiplicação, o tempo que levam para responder a uma adição de números com um único dígito aumenta e elas começam a cometer erros, como 2 + 3 = 6.

Outro modo pelo qual as semelhanças de padrão lingüístico interferem com a recordação da tabuada de multiplicação ocorre quando, ao sermos questionados sobre 5 × 6, respondemos 56. De alguma maneira, ler o 5 e o 6 traz à nossa mente essa resposta incorreta. Por outro lado, as pessoas não cometem erros como 2 × 3 = 23 ou 3 × 7 = 37. Isso porque, como os números 23 e 37 não aparecem em nenhuma tabuada de multiplicação, nossa memória associativa não os relaciona com o contexto de multiplicação. Mas 56 está na tabuada; portanto, quando nosso cérebro encontra 5 × 6, o número 56 é ativado.

Repetindo: muitas de nossas dificuldades com a multiplicação vêm de uma das características mais poderosas e úteis da mente humana — a memória associativa, com sua grande facilidade de reconhecimento de padrões. Essas capacidades mentais foram desenvolvidas ao longo de centenas de milhares e milhões de anos para responder às demandas da vida de nossos antepassados remotos. Tais demandas não incluíam lidar com aritmética, algo que existe no máximo há alguns milhares de anos. Para utilizar aritmética, temos que fazer uso de circuitos mentais que foram desenvolvidos (isto é, que foram selecionados no curso da evolução) por motivos bem diferentes.

É tão grande o esforço necessário ao aprendizado das tabuadas de multiplicação (por causa dos efeitos de interferência) que as pessoas que aprendem um segundo idioma geralmente continuam a lidar com a aritmética em sua primeira língua. Não importa o quão fluentes eles se tornem em seu segundo idioma — e muitas pessoas alcançam a fase de pensar completamente em qualquer língua na qual estejam conversando —, é mais fácil voltar a seu idioma natal para fazer os cálculos e depois traduzir o resultado do que tentar aprender de novo a tabuada de multiplicação no novo idioma. Essa observação serviu de base para uma experiência engenhosa que Stanislas Dehaene e colegas realizaram em 1999 para confirmar que usamos nossas faculdades lingüísticas na aritmética.

A hipótese que eles se propuseram a comprovar era a seguinte: as tarefas aritméticas que exigem uma resposta exata dependem de nossas faculdades lingüísticas — em particular, usam as representações verbais de números — enquanto as tarefas que envolvem estimativas ou pedem uma resposta aproximada não fazem uso dessa faculdade.

Para testar a hipótese, os pesquisadores reuniram um grupo de bilíngües que utilizavam russo e inglês e lhes ensinaram algumas informações novas sobre contas em uma das duas línguas. Os indivíduos eram em seguida testados em um dos dois idiomas.

Nas questões que exigiam uma resposta exata, os participantes levavam mais tempo para responder quando a pergunta era formulada no idioma diferente daquele no qual eles tinham sido ensinados do que quando a pergunta era feita no mesmo idioma que fora usado para a instrução. Quando a questão pedia uma resposta aproximada, contudo, o idioma da pergunta não fazia nenhuma diferença no tempo de resposta.

De acordo com os pesquisadores, o tempo extra gasto para responder a uma pergunta exata no "outro" idioma (por volta de um segundo a mais em respostas que levavam de 2,5 a 4,5 segundos no "mesmo" idioma) era necessário porque os voluntários traduziam a pergunta para o idioma em que tinham aprendido as informações necessárias à resolução.

Para saber quais eram as partes do cérebro utilizadas quando estavam respondendo aos diferentes tipos de pergunta, os pesquisadores monitoraram a atividade cerebral dos voluntários ao longo do processo do teste. Quando os participantes estavam respondendo a perguntas que pediam respostas aproximadas, a maior atividade cerebral ocorria nos dois lobos parietais, regiões que alojam a percepção de número e o raciocínio espacial de apoio. Nas questões que exigiam uma resposta exata, porém, havia muito mais atividade no lobo frontal, onde a fala é controlada.

Em suma, o resultado foi bastante convincente: capacidade do homem de estender a percepção intuitiva de número a uma capacidade para realizar operações aritméticas exatas parece depender do uso de nossa faculdade idiomática. Mas se é este o caso, não esperaríamos encontrar diferenças nas habilidades aritméticas de um país para outro? Afinal, se as palavras usadas para os números são significativamente diferentes, presumivelmente isso se refletiria na eficácia ou na facilidade com que as pessoas aprendem a tabuada. E é isso o que acontece, como descobriremos a seguir.

O som dos números

De tempos em tempos, os jornais dos Estados Unidos noticiam que as crianças americanas em idade escolar mais uma vez saíram-se mal em outra comparação internacional de habilidades matemáticas. Embora nunca haja nenhuma redução nas reações de revolta com relação a essa notícia, é extremamente difícil chegar a conclusões definitivas a partir de comparações multinacionais e multiculturais. Muitos fatores estão envolvidos e, ainda que exista um problema real, é improvável que soluções simplistas surtam algum efeito. A educação não é uma questão simples.

Nessas comparações, as crianças chinesas e japonesas freqüentemente parecem superar as americanas, bem como as da Inglaterra e de grande parte da Europa Ocidental, que tende a ter resultados aproximadamente iguais aos dos Estados Unidos. Dadas as semelhanças culturais entre Estados Unidos, Inglaterra e Europa Ocidental, e as diferenças entre o Ocidente e as culturas da China e do Japão, é razoável supor que fatores culturais, inclusive as distinções entre os sistemas escolares, contribuam para as diferenças no desempenho matemático. Mas o idioma também interfere. Aprender a contar e utilizar aritmética é mais fácil para as crianças chinesas e japonesas.

Parte do motivo para isso é que seus termos para números são muito menores e mais simples, em geral uma sílaba curta, como a palavra chinesa *si* para 4 e *qui* para 7. Isso os torna muito mais fáceis de serem recitados, tanto em voz alta quanto mentalmente, o que por sua vez faz com que sejam aprendidos mais facilmente. Não apenas as palavras que nomeiam cada dígito são menores em chinês, como ainda suas regras gramaticais para a construção de outros termos numéricos também são muito mais fáceis do que em inglês. Por exemplo, a regra dos chineses para formar termos para números acima de dez é simples: 11 é *dez um*, 12 é *dez dois*, 13 é *dez três* e assim por diante até *dois dez* para 20, *dois dez um* para 21, *dois dez dois* etc. Pense no quão mais complicado é o sistema inglês. (Os que usam como idioma natal o francês ou o alemão sabem que é ainda pior nestas línguas, com seus complicados *quatre-vingt-dix-sept* para 97 e *vierundfünfzig* para 54.) Um estudo recente realizado por Kevin Miller mostrou que as diferenças de linguagem causam um atraso às crianças americanas de um ano inteiro em relação a seus contemporâneos chineses no aprendizado da contagem. Por volta dos quatro anos de idade, as crianças chinesas geralmente são capazes de contar até 40. As americanas de mesma idade mal conseguem chegar a 15 e levam mais um ano para chegar a 40. Como sabemos que a diferença se deve ao idioma? Simples. As crianças nos dois países não mostram nenhuma diferença de idade em sua capacidade de contar de 1 a 12. É quando elas ultrapassam o número 12 que as diferenças aparecem, quando as crianças americanas começam a encontrar as várias regras especiais para formar os nomes dos números. As crianças chinesas, nesse ínterim, não têm que aprender nenhuma regra nova. Elas simplesmente continuam aplicando as mesmas usadas para a contagem de 1 a 12. (Quando as crianças americanas tentam aplicar as mesmas regras, os professores as corrigem: "Não, você não pode dizer vinte e nove, vinte e dez, vinte e onze. Você tem que dizer vinte e nove, *trinta*, trinta e um.")

Além do fato de que em chinês a terminologia numérica é mais facilmente aprendida, a aritmética elementar também se torna mais fácil, porque as regras da linguagem funcionam de acordo com a estrutura de base 10 do sistema indo-arábico. Um aluno chinês *perceberá a partir da estrutura lingüística* que o número "dois dez cinco" (isto é, 25) consiste em dois 10 e um 5. Um aluno americano precisa *lembrar* que "vinte" representa dois 10 e conseqüentemente que "vinte e cinco" representa dois 10 e um 5.

Assim, quando se trata de aprender a contar e a lidar com aritmética elementar, o idioma que falamos pode afetar nosso desempenho. Isso ocorre porque, para manipular os números, apoiamos-nos em nossa habilidade lingüística. Conseqüentemente, os padrões de linguagem podem nos ajudar ou nos atrapalhar em nossas tentativas para aprender a contar e para realizar certas tarefas de aritmética.

Uma área em que os padrões de linguagem definitivamente dificultam o domínio da aritmética — e neste caso o problema afeta crianças de todas as nacionalidades — consiste no aprendizado da soma de frações. Por exemplo, a seguinte adição incorreta ilustra um erro comum em soma de frações:

$$\frac{1}{2} + \frac{3}{5} = \frac{4}{7}$$

Uma pessoa que comete esse engano enxerga o problema como duas contas de somar: primeiro adiciona os numeradores 1 + 3 = 4 e a seguir soma os denominadores 2 + 5 = 7. Essa é a coisa mais lógica a ser feita do ponto de vista simbólico.* Está errado porque não faz sentido como adição dos números que os símbolos representam. As manipulações simbólicas que você precisa fazer para chegar à resposta correta (isto é, as manipulações simbólicas que correspondem à adição dos verdadeiros números fracionários representados pelas palavras-símbolo $\frac{1}{2}$ e $\frac{3}{5}$) são bastante complicadas. Mais ainda, essas regras para manipulações de símbolo só fazem sentido se você pensar nos *números* representados pelos símbolos. Vistas puramente como regras para manipular símbolos, elas não fazem mesmo nenhum sentido.

Estou certo de que é devido a casos como esse que muitas crianças acabam enxergando a matemática como "ilógica" e "cheia de regras que não fazem sentido". Elas consideram a matemática um conjunto de regras para fazer coisas com símbolos. Algumas regras simbólicas fazem sentido; outras parecem bastante arbitrárias. O único caminho para evitar essa concepção errônea exige que os professores se assegurem de que seus alunos entendam o que os símbolos representam. Freqüentemente isso não ocorre. Não obstante, algumas crianças aprendem a adicionar frações corretamente. Como isso é possível?

Uma vez que a mente humana é um excelente reconhecedor de padrões com um tremendo poder de adaptação, com o devido treino ela pode se tornar capaz de efetuar quase qualquer procedimento simbólico sem que precise raciocinar. Então, é possível treinar a mente humana para executar um procedimento

---

*Também estaria aritmeticamente correto se você pensasse (erroneamente) que adicionar frações equivale a combinar proporções. Se você tiver 2 pessoas das quais 1 é mulher, e outras 5 pessoas das quais 3 são mulheres, então ao todo você tem 7 pessoas das quais 4 são mulheres.

como a manipulação de símbolos necessária para adicionar frações corretamente:

> Comece multiplicando os dois denominadores. Assim você encontrará o denominador da resposta. Depois multiplique o numerador da primeira fração pelo denominador da segunda e o numerador da segunda pelo denominador da primeira fração e em seguida some esses dois resultados. Assim obterá o numerador da resposta. A seguir, veja se existe algum número que divide tanto o numerador quanto o denominador de sua resposta e, caso exista, divida o numerador e denominador por este número. Repita a divisão dupla até que você não consiga achar nenhum divisor comum. O que ficar é sua resposta final.

Por exemplo, para somar ³⁄₇ a ⁴⁄₉, você faz o seguinte:

$$\frac{3}{7} + \frac{4}{9} = \frac{\text{alguma coisa}}{7 \times 9} = \frac{(3 \times 9) + (4 \times 7)}{7 \times 9} = \frac{27 + 28}{63} = \frac{55}{63}$$

Escrevendo isso por extenso através de álgebra, a regra nos dá a fórmula

$$\frac{a}{b} + \frac{c}{d} = \frac{\text{alguma coisa}}{b \times d} = \frac{(a \times d) + (c \times b)}{b \times d}$$

De qualquer forma que você escreva, o que vai obter é um procedimento de aparência complicada. Do ponto de vista simbólico (isto é, lingüístico), não faz nenhum sentido. Simbolicamente, a regra mais "razoável" seria

$$\frac{a}{b} + \frac{c}{d} = \frac{a+c}{b+d}$$

que é numericamente incorreta. Contudo, apesar da complexidade, com prática suficiente a maioria das pessoas consegue aprender a seguir o procedimento correto. A evolução nos equipou com um cérebro capaz de aprender a realizar determinadas seqüências de ações. Mas, a menos que alguém mostre a você *por que* cada passo está sendo dado — isto é, mostre o que está sendo feito em termos dos *números* representados pelos símbolos — tudo parecerá tratar-se apenas de uma receita de bolo. É claro que muitas crianças memorizam como seguir a receita e assim conseguem um dez na escola. Mas, como não entendem o que estão fazendo, no momento em que terminam a prova final de matemática esquecem as regras complicadas que aprenderam e saem da escola incapazes de somar frações. Se entendessem o que estavam fazendo, nunca esqueceriam o procedimento.

Outro exemplo dos problemas que podem surgir quando aplicamos cegamente uma regra simbólica sem relacionar os símbolos aos números que representam nos é dado por algumas charadas encontradas em revistas de quebra-cabeças de palavras. Por exemplo:

- Um fazendeiro tem 12 vacas. Todas menos 5 morrem. Quantas vacas ficam?
- Tony tem 5 bolas, 3 a menos do que Sally. Quantas bolas tem Sally?

Muitas pessoas inteligentes responderão erroneamente a uma ou a ambas as perguntas. O motivo para isso é uma confusão de dois padrões, um da linguagem cotidiana e outro dos símbolos numéricos. Devido aos números 12 e 5 no primeiro problema, juntamente com a pergunta "quantos ficam?" as pessoas têm a forte tentação de considerar que o problema pede para efetuar a subtração 12 – 5. Assim, muitas pessoas respondem 7. A resposta correta é 5. Mas para obter a resposta correta, você tem que pensar no que o problema realmente está dizendo. Realizar apressadamente e às cegas a etapa de manipulação simbólica *às vezes* funciona, mas não neste caso.

No segundo problema, você vê os números 5 e 3 junto com a palavra "menos" e tem a tentação de calcular a subtração 5 – 3, obtendo 2 como a resposta. Novamente, um salto precipitado para a manipulação simbólica o conduziria à resposta errada. Quando paramos para pensar no que a pergunta está pedindo, percebemos que devíamos adicionar 3 a 5. A resposta correta é que Sally tem 5 + 3 = 8 bolas. Tony tem 3 a menos que as 8 bolas de Sally, o que significa que Tony tem 5 bolas, como posto no problema.

Novamente, nossa dependência das habilidades lingüísticas para lidar com números, tão úteis em muitos aspectos, tem um preço. A menos que despendamos um esforço considerável para ir além dos padrões simbólicos e lingüísticos dos números denotados pelos símbolos, a habilidade natural do cérebro para idiomas e padrões de linguagem pode nos atrapalhar em nossos cálculos aritméticos.

Enquanto estamos no tópico de padrões de linguagem, permita-me contar sobre um amigo meu que usa padrões de linguagem com resultados tremendamente bons. Arthur Benjamin é um matemático capaz de realizar façanhas surpreendentes de aritmética mental — a tal ponto que acabou tendo a bem-sucedida segunda profissão de artista, exibindo no palco seus talentos e deslumbrando o público ao realizar cálculos difíceis com números que a platéia escolhe no momento da apresentação.

Alguns anos atrás fui a um almoço no qual Benjamin estava dando uma demonstração de sua habilidade aritmética. Imediatamente antes de começar, ele pediu aos organizadores que desligassem o ar-condicionado. Enquanto aguardávamos que isso fosse feito, Benjamin explicou que o zumbido do sistema interferiria em seus cálculos. "Eu recito os números na minha cabeça para armazená-los durante o cálculo", disse ele. "Preciso ser capaz de ouvi-los, caso contrário os esqueço. Alguns barulhos atrapalham." Em outras palavras, um dos "segredos" de Benjamin como calculadora humana é sua capacidade de utilizar de forma altamente eficiente os padrões lingüísticos, os sons dos números, à medida que ecoam em sua mente.

Embora poucos de nós possamos nos equiparar a Benjamin no cálculo de raiz quadrada de números com seis dígitos, nós dependemos de padrões de linguagem a fim de lidar com os números. Um dos segredos para ser "bom com números" é aprender a usar nossas habilidades lingüísticas a nosso favor, em vez de tê-las como empecilho em nossas tentativas aritméticas, como ocorre tão freqüentemente.

Outra lição que podemos aprender com pessoas que calculam de forma brilhante é que grande parte de seu sucesso se deve ao fato de atribuírem significado aos números. Por exemplo, a maioria de nós, até aqueles que se sentem à vontade com os números, ao encontrar um número como 587, vê apenas um número. Mas para um mago dos cálculos a palavra-número 587 pode perfeitamente ter significado, pode gerar uma imagem mental, da mesma maneira que a palavra "gato" em português tem um sentido para nós e gera uma imagem em nossa mente.

Há, é claro, alguns números que têm significado para todos nós. Os americanos atribuem significado aos números 1492 (descoberta da América por Colombo) e 1776 (assinatura da Declaração de Independência), para os ingleses o número 1066 tem significado (ano da Batalha de Hastings), e qualquer pessoa com formação técnica em exatas encontra significado para o número 314159 (o princípio da representação decimal da constante matemática π). Entre outros números que significam algo para nós e que, portanto, sempre lembramos, temos a data de nosso aniversário, nosso número de telefone e alguns números de identificação como o de nossa carteira de identidade.

Para um mago dos cálculos, contudo, muitos números têm significado. E o significado deles, em sua maior parte, não provém de dados cotidianos como datas, números de identificação ou de telefone, mas do próprio mundo da matemática. Por exemplo, Wim Klein, um famoso mago dos cálculos que antes da época das calculadoras eletrônicas chegou a ter um cargo profissional intitulado "calculador", observa: "Os números são meus amigos." Sobre o número 3.844, ele diz, "Para você é apenas um três, um oito e dois quatros, mas eu digo: 'Oi, 62 ao quadrado!'"

Como os números têm significado para Klein e outros prodígios dos cálculos, fazer contas também tem. Conseqüentemente, eles são muito melhores nisso do que nós. Nas circunstâncias adequadas — isto é, em um contexto no qual os números adquirem significado — é possível que qualquer um de nós se torne um mago das contas.

12
A dificuldade com a matemática sem sentido

A destreza numérica dos jovens vendedores de feira brasileiros (Capítulo 10) mostra que eles desenvolveram considerável familiaridade com números. Para simplificar os cálculos, usam propriedades dos números específicos com os quais estão lidando. A abordagem que em geral seguem é buscar um modo de transformar um problema em outro que envolva números e operações aritméticas que eles reconheçam e com os quais sejam capazes de lidar. Algumas vezes isso é feito através do arredondamento dos números dados para outros que tornem as contas mais fáceis, seguido por·ajuste do resultado final para corrigir o erro gerado pelo arredondamento. Em outras ocasiões, eles dividem o problema inicial em dois ou mais subproblemas. Nenhum dos métodos que utilizam é ensinado na escola; a matemática de rua é muito diferente da matemática escolar. Uma vez que as crianças envolvidas nesse e em outros estudos realizados por Nunes e colegas, assim como em trabalhos de outros pesquisadores, exibem um domínio da matemática de rua muito superior às habilidades com a matemática escolar, nós devemos nos perguntar: por que existe essa diferença tão grande? É para tal pergunta que nos dirigiremos a seguir. Quais são os fatores que fazem a matemática de rua funcionar quando a matemática escolar não é aprendida?

De muitas formas, essa é a pergunta-chave em nossa história. É fascinante aprender sobre as coisas surpreendentes que os animais podem fazer com suas habilidades matemáticas naturais e inatas, e nos maravilhamos ao descobrir como pode ser desafiador para matemáticos, cientistas e engenheiros a obtenção dos mesmos resultados. Em última instância, entretanto, nosso objetivo é fazer uso do que aprendemos. Será que os matemáticos espontâneos da natureza ou os pequenos vendedores de feira do Recife têm alguma coisa a oferecer que possa nos ajudar a aperfeiçoar o ensino e a aprendizagem de matemática?

Um importante fator óbvio no caso dos comerciantes de rua do Brasil é que, quando a criança faz os cálculos em sua barraca, tanto os números quanto as operações que executam com eles têm *significado*, as operações fazem sentido. Na verdade, essas crianças estão cercadas pelo significado físico dos procedimentos aritméticos que efetuam.

Ao contrário da matemática de rua, a essência da matemática da escola é o fato de ser completamente *simbólica*. Ao realizar um procedimento escolar habitual para adição, subtração, multiplicação ou divisão, você leva a cabo exatamente as mesmas ações, na mesma ordem, independente dos números envolvidos ou do que eles representem. Aí está toda a história. Os métodos ensinados na escola devem ser universais. Aprenda-os uma vez e poderá aplicá-los em qualquer circunstância, para quaisquer números específicos que estejam em questão.

A DIFICULDADE COM A MATEMÁTICA SEM SENTIDO

Nas mãos de uma pessoa capaz de dominar os procedimentos abstratos e simbólicos ensinados na escola, estes são extremamente poderosos. Na verdade, eles estão por trás de toda a nossa ciência, tecnologia e medicina, bem como de praticamente todos os outros aspectos da vida moderna. Mas isso não facilita o aprendizado ou suas aplicações.

O problema é que o homem opera com significados. O cérebro humano evoluiu como um dispositivo de busca de significado. Nós vemos e buscamos significado em toda parte. Um computador pode ser programado para seguir obedientemente regras para manipular símbolos sem ter nenhuma compreensão de seu significado, até que digamos para parar. Mas as pessoas não funcionam assim. Com esforço considerável, podemos aprender nossas tabuadas de multiplicação e treinar para seguir um pequeno número de procedimentos aritméticos. Mas mesmo aí o significado é a chave. O domínio da aritmética da escola envolve a aquisição de algum tipo de significado para os objetos envolvidos e os procedimentos neles efetuados. É duvidoso até mesmo que o cérebro humano seja capaz de efetuar uma operação totalmente desprovida de sentido.

Uma vez que os procedimentos da aritmética ensinada na escola foram desenvolvidos como métodos universais — aplicáveis em todos os casos, quaisquer que sejam os números envolvidos —, a primeira coisa que um aluno tem que fazer a fim de dominar esses procedimentos é aprender a ignorar temporariamente quaisquer significados concretos possíveis nos números ou objetos reais do mundo. A segunda coisa que o aluno deve fazer para alcançar tal domínio é construir um tipo diferente e mais abstrato de significado. Mas a maioria dos alunos nunca consegue ir tão longe. Eles acabam lutando para lembrar ou aplicar seqüências de operações aparentemente sem sentido sobre símbolos sem nenhum significado. Como conseqüência, as respostas que eles dão geralmente também não têm sentido.

Qualquer professor que ensine matemática nas escolas tem histórias para contar sobre alunos que deram respostas que não faziam sentido nenhum: números negativos para áreas ou volumes, pesos negativos, quantidades fracionárias de pessoas, salários anuais menores do que o pagamento mensal e assim por diante. Lembre-se, por exemplo, da menina brasileira que era vendedora ambulante e que, tendo corretamente calculado de cabeça o preço de 12 limões a cinco cruzeiros cada, respondeu 152 quando em um teste lhe foi pedido para calcular 12 × 5. Havia também a menina vendedora que corretamente calculou de cabeça o troco a ser dado para uma nota de quinhentos cruzeiros utilizada para pagar dois cocos que custavam quarenta cruzeiros cada (uma tarefa envolvendo a subtração 500 − 80 = 420), entretanto respondeu 130 quando encontrou a adição 420 + 80 em uma prova escrita. (Seu método consistia em adicionar 8 a 2 obtendo 10, somar o 1 do 10 com o 8 e o 4, obtendo 13, e depois escrever o 0 na coluna das unidades). Nenhuma das duas crianças aceitaria em seu trabalho as respostas ridículas que obtiveram em sala de aula.

Outro exemplo em que uma pessoa aplica de forma consistente um procedimento incorreto aparece na pesquisa dos psicólogos educacionais Lauren Resnick e Wendy Ford. Um menininho em uma escola americana obteve as seguintes respostas em uma prova de adição básica:

A DIFICULDADE COM A MATEMÁTICA SEM SENTIDO

7	9	17	87	365	657	923	27.493
+8	+5	+8	+93	+574	+794	+481	+1.509
15	14	25	11	819	111	114	28.991

Ele consegue acertar as três primeiras, mas assim que é confrontado com adições que envolvem pares de números com dois ou mais dígitos, as coisas vão drasticamente mal. Ele opera da direita para a esquerda, coluna por coluna, como deveria fazer. Além disso, consegue adicionar corretamente pares de dígitos. Mas toda vez que a adição em uma coluna ocasiona o "vai um", ele escreve o um embaixo da linha e segue para a próxima coluna à esquerda. Uma vez que faz isso de forma consistente, o aluno está claramente seguindo um procedimento específico. Além do mais, ele consegue realizar esse procedimento corretamente, obtendo a resposta "correta" em cada tentativa, de acordo com o procedimento que assumiu. Presumivelmente, logo que lhe ensinaram o método habitual para adição, ele se confundiu e acabou dominando uma versão alterada do procedimento correto.

Não se trata de um aluno pouco inteligente — o exemplo que mostramos indica que ele consegue de forma consistente e "correta" aplicar um procedimento abstrato com vários passos. Assim, se houvesse realmente compreendido o método correto em termos do propósito de cada passo isolado, ele não se perderia. Foi só porque enxergou o procedimento como um conjunto arbitrário de regras sem nenhum significado que terminou aplicando um método que era aritmeticamente absurdo.

Com a multiplicação, o menino cometeu um erro semelhante (ao escrever o "vai um") e ainda outro engano: trabalhou da direita para a esquerda, operando estritamente coluna por coluna, como na adição. Então obteve as seguintes soluções para os problemas de multiplicação:

$$\begin{array}{ccc} 68 & 734 & 543 \\ \times 46 & \times 37 & \times 206 \\ \hline 24 & 792 & 141 \end{array}$$

Exceto por pensar que $4 \times 0 = 4$ no último exemplo (um erro que muitas pessoas cometem ao multiplicar por zero — o correto é $4 \times 0 = 0$), todos os passos estão aritmeticamente corretos, considerando o procedimento que ele seguiu. Mas novamente, não é o procedimento correto. Uma pessoa inteligente só seguiria um método como esse se o considerasse desprovido de qualquer significado em termos da manipulação dos números.

O problema do domínio precário dos métodos aritméticos comuns não se restringe às crianças na escola. Nunes, Schliemann e Carraher realizaram outro estudo no Brasil, dessa vez com carpinteiros (adultos). Os pesquisadores compararam as habilidades de carpinteiros experientes com a de aprendizes iniciantes na tarefa de calcular a quantidade de madeira necessária para a construção da estrutura de uma cama de determinadas dimensões. Os carpinteiros, em sua maioria pouco instruídos, se saíram todos bem. O mesmo não aconteceu com os aprendizes, que tiveram de 4 a 9 anos de aulas diárias de matemática na escola. Sem nenhuma experiência na execução destes cálculos no trabalho, os aprendizes se utilizaram da única ferramenta numérica de que dispunham: os métodos aritméticos que lhes foram ensinados na escola. Como conseqüência, obtiveram respostas bastante incorretas. Um aprendiz calculou que a quantidade de

A DIFICULDADE COM A MATEMÁTICA SEM SENTIDO

madeira necessária para a construção de uma cama medindo 1,9 metro de comprimento e 0,9 metro de largura seria um bloco de 16,38 metros de comprimento e 10,20 de largura, com 0,12 metro de espessura. Ele chegou a essa resposta somando os comprimentos de todas as peças de madeira envolvidas na montagem, adicionando as larguras de cada peça e fazendo o mesmo com a espessura.

A obtenção de respostas absurdas também não se restringe a indivíduos com inteligência limitada ou instrução precária. Na verdade, sendo há muitos anos professor universitário de matemática, eu sei que estudantes universitários também chegam ao mesmo tipo de respostas "obviamente" erradas. Até os universitários às vezes obtêm resultados absurdos quando aplicam intencionalmente métodos aritméticos simbólicos "sem significado" ou matemática superior.

O fato é que, quando pessoas que em outras situações são capazes e perceptivas são confrontadas com a matemática escolar, a razão e o bom senso vão por água abaixo. Não digo que alguém que dê uma resposta ridícula para um problema de matemática não possa perceber como a resposta é tola quando este fato lhe é indicado. Se pedirmos a eles que repitam o "mesmo" cálculo em algum contexto ou situação com significado prático imediato, eles geralmente chegam à resposta certa ou, pelo menos, a uma resposta plausível. E se saem ainda melhor se confrontados com um problema da vida real com o qual conseguem lidar usando "matemática de rua" — métodos aritméticos desenvolvidos por eles mesmos no trabalho. Por exemplo, no caso das crianças em idade escolar avaliadas por Nunes e colegas, ao fazer adições, 30% de suas respostas escritas (usando métodos escolares) continham um erro superior a 20%, enquanto apenas 4% das respostas orais traziam erros dessa magnitude. No caso da subtração, 61% das respostas escritas exibiam erro de mais de 20%, comparados a apenas 11% das respostas orais com erros acima de 20%.

Embora muitos dos métodos que as pessoas usam quando fazem matemática de rua sejam específicos para os números envolvidos, ao contrário dos métodos normais ensinados na escola, em alguns casos não existe quase nenhuma diferença *de procedimento* entre o método de rua e sua contraparte escolar. E contudo a diferença causada pela ausência de significado na matemática escolar é significativa.

Por exemplo, em todo o mundo, praticamente todas as pessoas são capazes de lidar com dinheiro fluentemente. Na maioria dos países, existem duas unidades de moeda corrente, com uma delas sendo igual a um centavo da outra. Nos Estados Unidos as duas unidades são dólar e cents, em que 100 cents equivalem a 1 dólar. Praticamente todo americano, desde muito jovem, adquire destreza na manipulação de dinheiro. Eles não confundem dólares com cents, e sabem que, por exemplo, 109 cents equivalem a 1 dólar e 9 cents. E contudo, do ponto de vista de procedimentos, lidar com dólares e cents não é nada diferente de trabalhar com nosso sistema de numeração posicional indo-arábico, no qual a posição de um dígito determina seu valor e a chave para o uso dos processos normais de adição, subtração e multiplicação é manter controle da posição ocupada pelo dígito. É verdade que as questões de aritmética escolar podem ser mais complexas do que simplesmente somar preços ou calcular troco, mas, como as crianças brasileiras demonstraram, elas podem lidar

A DIFICULDADE COM A MATEMÁTICA SEM SENTIDO

com considerável complexidade em sua aritmética mental, portanto esse não é realmente o cerne do problema. Na verdade, o que faz a diferença é que dinheiro significa algo enquanto os símbolos numéricos que são escritos na aritmética da escola, não.

Em resumo, a matemática de rua trata exatamente da execução de operações com significados sobre objetos com significados, enquanto a matemática escolar trata simplesmente da execução de manipulações formais de símbolos cujos significados, quando existem, não estão representados nos símbolos. Para a maioria das pessoas, $27,99 significa alguma coisa, mas 27,99, não — é "só um número".

O grau exato de sucesso de uma pessoa no domínio da matemática escolar dependerá, em grande parte, de quanto significado ela conseguirá atribuir aos símbolos manipulados e às operações efetuadas com eles. Trabalhar com aritmética escolar, até com divisão de decimais, não envolve procedimentos mais difíceis ou complexos do que as manipulações numéricas que podemos observar em uma criança de nove anos de idade, precariamente instruída, em uma barraca de feira numa esquina do Brasil. A única diferença é o grau de significado envolvido. Na verdade, uma vez que apreendemos o significado, a matemática escolar fica muito mais fácil. Na aritmética da escola, uma vez que você tenha dominado os quatro procedimentos habituais da adição, da subtração, da multiplicação e da divisão, não precisará aprender mais nada — é só seguir aplicando essas quatro operações básicas, não importa quais sejam os números verdadeiros com os quais esteja lidando. É tão rotineiro que podemos construir máquinas para fazer isso por nós. Já a matemática de rua exige um monte truques e depende da capacidade de encontrar simplificações ou agrupamentos engenhosos que variam com os números verdadeiros em questão. O problema que muitas pessoas têm com a aritmética da escola é que elas nunca chegam à fase do significado; ficam sempre em um jogo abstrato de símbolos formais.

13
Valendo-se do seu instinto matemático

Espero que a esta altura você já tenha percebido que há dois tipos de matemática. Um deles corresponde ao que a maioria das pessoas imagina quando escuta a palavra "matemática", ou seja, a matéria ensinada às crianças na escola. Isso é o que eu chamaria de *matemática abstrata*. O outro tipo é a matemática inata que descrevi na primeira parte deste livro, que chamei de *matemática natural*.

Na verdade, ambas, a matemática abstrata e a natural, são simplesmente matemática. A distinção reside na forma como é executada. A matemática abstrata é simbólica e baseada em regras. Para lidar com ela você precisa *aprender* o que os símbolos representam e como seguir as regras.* Já a matemática natural surge naturalmente. Nos capítulos anteriores vimos vários exemplos diferentes de matemática natural, tanto para o homem quanto para outras espécies.

---

*Isso não significa que não haja espaço para a criatividade na matemática rigorosa. As regras simplesmente estabelecem a estrutura dentro da qual o matemático deve trabalhar. Além do mais, a própria formulação das regras é freqüentemente um ato altamente criativo.

O INSTINTO MATEMÁTICO

Pelo mecanismo evolutivo da seleção natural, a natureza desenvolveu criaturas com habilidades específicas para executar, mediante suas próprias ações físicas, os cálculos da matemática natural do movimento. Equipou pelo menos algumas espécies com sistemas visuais que, em virtude de cálculos de matemática natural realizados no cérebro, permitem que vejam o mundo de forma tridimensional. A natureza também faz uso da matemática para dotar alguns animais de padrões de pele que ajudam a assegurar a sobrevivência em um mundo hostil, e equipou muitas criaturas com capacidades inatas (que envolvem matemática natural) que permitem que se orientem e que cacem suas presas.

A natureza também forneceu a algumas espécies, entre elas pombos, corvos, ratos, leões, golfinhos, macacos, chimpanzés e seres humanos (para falar de apenas algumas para as quais essa capacidade foi finalmente provada), outra capacidade matemática natural: uma sensação sobre o tamanho de um conjunto.

No caso da evolução humana, nossos antepassados também adquiriram outra capacidade: a de fazer matemática abstrata. Em vez de apoiarmo-nos somente em um pequeno número de truques matemáticos inatos altamente especializados, mas de utilidade restrita (matemática natural), como fazem outras criaturas, nós aproveitamos essa capacidade adicional para desenvolver matemática abstrata, que se presta como uma caixa de ferramentas multifuncionais para resolver vários problemas distintos.

Como e quando surgiu essa capacidade para a matemática abstrata? E exatamente de que forma estão relacionadas a matemática natural e a abstrata? Antes de responder a tais perguntas, devo ressaltar que, como mostrou o exemplo dos jovens vendedores em Recife, a mesma matemática — naquele caso, a aritmética elementar — pode ser tanto abstrata quanto natural. Eles usavam a matemática natural quando executavam transações na feira, e aprenderam (ou na maioria dos casos, deixaram de aprender) a matemática abstrata na escola.

Como adquirimos a capacidade de raciocínio matemático abstrato?

Um dos aspectos mais enigmáticos da capacidade humana para o pensamento matemático abstrato é o de como nossos antepassados chegaram a adquiri-la. A maior parte da matemática abstrata tem no máximo 2 ou 3 mil anos, dependendo do que você considerar seu marco inicial. Os próprios números não têm mais do que dez mil anos de idade.

Isso significa que não houve tempo suficiente para que tenham se seguido quaisquer mudanças estruturais consistentes no cérebro — a evolução ocorre ao longo de centenas de milhares de anos, quando não milhões. Quando trabalhamos com matemática abstrata, temos que fazê-lo com um cérebro que é essencialmente o mesmo que tínhamos na Idade do Ferro. Em outras palavras, fazer matemática deve envolver usar capacidades mentais que nossos antepassados adquiriram para outros propósitos (mais precisamente, habilidades que entraram em nosso código genético porque se mostraram vantajosas para certas funções que eram importantes para a sobrevivência de nossos primeiros antepassados) e cooptá-las para este novo propósito. Quais são essas capacidades, quando nossos antepassados as adquiriram, que vantagens elas conferem e o que as agrupou de forma a resultar em capacidade para matemática abstrata?

São perguntas a que eu respondo em meu livro *O gene da matemática*.* De acordo com a tese que proponho lá, o pensamento matemático abstrato é uma amálgama de nove capacidades mentais básicas que foram adquiridas ao longo de grande parte das fases de desenvolvimento evolutivo humano. A história completa é ainda mais complexa do que estou sugerindo aqui, mas posso fazer um breve resumo no que toca à aritmética.**

Em termos simples, a principal função de nosso cérebro é assegurar nossa sobrevivência, pelo menos até que nossa prole possa se virar sozinha. O desenvolvimento de habilidades numéricas (dentro de um contexto) é no máximo uma característica secundária. Como observamos, a percepção de números com a qual todos nós nascemos é comum a muitas outras espécies de seres vivos. Assim, parece provável que tal percepção confira certa vantagem para a sobrevivência da qual muitas espécies se beneficiam. Não é difícil apresentar exemplos plausíveis dessas vantagens. Citemos alguns: saber se seu grupo, tribo ou bando está em menor número que um grupo de agressores em potencial pode ajudá-lo a decidir se foge ou luta e defende seu território; encontrar seu rumo de volta para sua caverna pode exigir que saiba por quantas colinas ou árvores deve passar antes de fazer uma curva; e existe uma vantagem considerável em determinar que árvore está mais carregada de frutos e, portanto, em qual devemos subir primeiro.

---

*Editora Record, 2004.
**O gene da matemática* trata do tema do desenvolvimento evolutivo da capacidade de fazer tudo em matemática, não apenas na aritmética.

VALENDO-SE DO SEU INSTINTO MATEMÁTICO

Para uma espécie que adquire linguagem e começa a desenvolver uma estrutura de sociedade complexa, como nossos ancestrais *Homo sapiens* há cerca de 200 mil anos, também existem vantagens evidentes na possibilidade de estender a sensação inata de número de modo a lidar com precisão com conjuntos maiores, o que nós alcançamos com a contagem. Mas, uma vez que os números e a aritmética são tão recentes, seu uso não pode ter tido qualquer efeito mensurável na evolução inicial do cérebro humano. Ao contrário, os números é que devem ter surgido como resultado de outro desenvolvimento evolutivo. De acordo com a linha de raciocínio que esbocei em *O gene da matemática*, o passo fundamental que preparou o cérebro humano para lidar com os números foi a aquisição da linguagem há mais ou menos 100 mil anos. Mais geralmente, essa aquisição foi o último bloco de construção mental necessário para produzir um cérebro capaz de lidar não apenas com a aritmética, como também com todo tipo de trabalho matemático deliberado e consciente que fazemos com lápis e papel, o que chamo de matemática abstrata.

Por linguagem eu não me refiro apenas ao uso das palavras, cujos primórdios possivelmente se deram uns 2 milhões de anos atrás. Refiro-me à capacidade de agrupar palavras em unidades significativas (o que nós atualmente chamamos de orações) para expressar idéias complexas. Muitas criaturas desenvolveram sofisticados sistemas de comunicação e em vários casos (por exemplo, o dos golfinhos) não é desarrazoado classificar alguns de seus sinais de comunicação como palavras. Mas somente o homem moderno, o *Homo Sapiens*, adquiriu a linguagem.

De acordo com o argumento apresentado em *O gene da matemática*, a capacidade para a matemática abstrata resultou de um casamento da linguagem (mais precisamente, de habilidade lingüística) com as aptidões matemáticas inatas e instintivas que todos os seres humanos têm, muitas das quais compartilhamos com outras criaturas. Podemos expressar isso por meio de uma fórmula simples:

capacidade matemática natural inata + capacidade lingüística
→ capacidade para matemática abstrata

Como fazemos matemática abstrata?

Logo depois da publicação de *O gene da matemática*, os cientistas cognitivos George Lakoff e Rafael Nuñez publicaram o livro *Where Mathematics Comes From*.* Embora escrito de forma independente do meu e não se baseie em nenhum tipo de argumento evolutivo, por um feliz acaso pode-se considerar que o livro deles parte exatamente de onde o meu termina. Eles descrevem de forma consideravelmente detalhada, como um cérebro que se desenvolveu para lidar com o mundo real (isto é, predominantemente físico) pode pensar em abstrações matemáticas. O principal passo é o que chamam de metáfora formal (em oposição à literária). Com esse nome, eles se referem à compreensão de algo novo e pouco conhecido em termos de algo familiar e já compreendido.

Por exemplo, você pode entender os números positivos da contagem e formar uma imagem deles como pontos situados

---

*Basic Books, 2001.

em uma linha que começa no 0 e segue da esquerda para a direita, assim:

$$\begin{array}{cccccc} + & + & + & + & + & + \\ 0 & 1 & 2 & 3 & 4 & 5 \end{array}$$

Isso gera uma compreensão dos números da contagem de acordo com a concepção familiar e cotidiana de uma fila de objetos que podem ser examinados um após outro. De acordo com Lakoff e Nuñez, o cérebro aprende a processar conceitos pouco conhecidos (e talvez abstratos) cooptando "circuitos cerebrais" existentes através de metáforas formais. Em particular, a metáfora pontos-numa-linha permite ao cérebro fazer uso de sua capacidade cotidiana de raciocinar sobre objetos em uma fila com a finalidade de processar números. As metáforas usadas nesse processo não precisam ser conscientemente criadas, e de fato na maioria dos casos provavelmente não são. A questão é mais sobre fazer uso de capacidades mentais que surgiram para um propósito e adaptá-las para outro.

Uma vez que possua a metáfora pontos-numa-linha para números positivos da contagem, você poderá entender os números negativos como uma seqüência completamente similar, indo da direita para a esquerda:

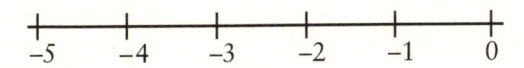

$$\begin{array}{cccccc} + & + & + & + & + & + \\ -5 & -4 & -3 & -2 & -1 & 0 \end{array}$$

E assim por diante.

A teoria de Lakoff e Nuñez é atraente, baseada no fato (ressaltado no capítulo anterior) de que nosso cérebro se desenvolveu para processar pensamentos que têm significados para nós, e de que o que nos causa problemas é tentar lidar com abstrações a princípio possivelmente sem sentido, tarefa para a qual nosso desenvolvimento evolutivo não nos preparou.

De acordo com Lakoff e Nuñez, podemos formar um quadro simples do progresso das habilidades matemáticas de uma criança à medida que ela cresce. Brincando, a criança aprende primeiro sobre formas, conjuntos, tamanhos, áreas, volumes, pontos alinhados, rotações e assim por diante. Usando sua capacidade de processar conjuntos e uma percepção do tamanho destes, a criança acaba formando o conceito de número. Ao processar números, o cérebro coopta vários circuitos que se desenvolveram para lidar com o mundo físico em que a criança vive. Com a prática e a crescente familiaridade com a noção de número, a combinação daqueles circuitos acaba funcionando como um todo. Também podemos chamar esse todo de "circuito dos números". Nesse ponto ele pode, por sua vez, ser cooptado para executar outras funções. E assim todo o processo se repete.

Em seu livro, Lakoff e Nuñez identificaram uma longa seqüência de metáforas que começa com os processos mentais cotidianos sobre o mundo físico e, segundo eles, prossegue por toda a matemática escolar e ainda até a universitária. (Os autores terminam sua lista com a famosa equação de Euler, $e^{i\pi} = -1$, mas eles afirmam que a cadeia pode ser estendida até onde você quiser.)

Se esses autores estiverem corretos, então não existe a princípio nenhuma barreira que impeça as pessoas de dominarem toda a matemática que possam achar necessária. Cada passo adiante envolve essencialmente o mesmo processo de construção de metáfora. Durante cada uma dessas etapas, o cérebro opera com conceitos que têm significado — algo que o cérebro humano evoluiu para fazer e, conseqüentemente, faz bem. A construção da nova metáfora se reduz à busca por significados para o novo conceito em termos de noções anteriores — e, como observamos no último capítulo, procurar significado é um ato instintivo para o cérebro humano.

Os principais fatores limitantes nesse processo são a quantidade de tempo que se leva para construir a(s) metáfora(s) apropriada(s) e quanta prática com o novo conceito é necessária antes que a mente o aceite em seu repertório de conceitos familiares e compreendidos. O primeiro fator pode ser muito acelerado pelo ensino — na verdade, na estrutura defendida por Lakoff e Nuñez, ensinar é essencialmente desenvolver com o aluno as metáforas adequadas. E o segundo depende apenas de quanto tempo e esforço é dedicado à prática.

Uma vez que a cadeia de metáforas se baseia nos processos cotidianos de pensamento, todo o processo pode ser descrito como *abstrair e formalizar o senso comum*. Assim a tese básica de Lakoff e Nuñez sintetiza-se na afirmação de que toda a matemática é abstração e formalização do senso comum.

Eu não sou o único a suspeitar de que Lakoff e Nuñez vão longe demais em sua tese e que seu argumento falha mais ou menos na metade do livro.* Contudo a falha, se existe alguma, está relacionada com a matemática avançada ensinada nas universidades, que eu e outros acreditamos exigir uma forma altamente especializada de raciocínio que não pode ser considerada

---

*A pesquisa do que veio a ser denominado cognição matemática é muito nova e por enquanto há pouca coisa que possa ser considerada literatura consagrada sobre o assunto. Mas, para conhecer as descobertas de pesquisas recentes que sustentam as afirmações que faço aqui, veja em particular o artigo "Mathematical Thinking and Human Nature", de Uri Leron, *ICME*, 2004.

uma formalização do senso comum. (De fato, há matemática avançada envolvendo processos de pensamento que vão *contra* o senso comum.) Mas isso nos leva para além do âmbito deste livro. Quando se trata do tipo de matemática que a maioria de nós encontra em sua vida diária, todos parecem concordar com a teoria de Lakoff e Nuñez. Em outras palavras, até onde diz respeito à maioria das pessoas, a matemática abstrata é na realidade apenas a formalização do senso comum. A pergunta, então, é: podemos achar um caminho para lançar mão de nossa habilidade matemática inata a fim de aperfeiçoar nosso aprendizado?

Como já vimos, sob certas circunstâncias a resposta é um sim definitivo. Por exemplo, quando as pessoas comuns precisam usar aritmética em um contexto da vida real que as interessa, elas geralmente conseguem fazê-lo. Se a importância não for muito grande, como no caso dos consumidores conscientes dos preços, eles acharão meios de fazer os cálculos envolvidos com precisão suficiente para satisfazer suas necessidades. Em situações de maior pressão, em que há mais em jogo e onde têm que realizar muitos cálculos semelhantes dia após dia, eles conseguem alcançar um grau impressionante de facilidade numérica com precisão quase total. O que é interessante, contudo, é que em quase todos esses casos, embora as pessoas cheguem à mesma resposta que poderiam ter obtido usando os métodos aritméticos ensinados na escola, não é assim que elas fazem. Então o que você deve fazer, se precisar aprimorar sua capacidade para matemática tradicional da escola, por exemplo, para passar em uma prova e conseguir um novo emprego?

VALENDO-SE DO SEU INSTINTO MATEMÁTICO

Como aprimorar suas habilidades matemáticas

Se você acha que precisa melhorar suas habilidades com matemática escolar, há uma abordagem em quatro passos que eu recomendaria.

O primeiro passo é estar ciente de que a atividade matemática é algo natural que acontece o tempo todo na natureza. (Eu espero que ler este livro o tenha convencido desse fato.) Saber que a matemática é algo natural deve ajudá-lo a superar o medo que a matéria muito freqüentemente evoca.

O segundo passo é abordar a matemática abstrata (isto é, a da escola) como uma mera versão formalizada de suas habilidades matemáticas inatas — isto é, como formalização do senso comum. Na matemática, como na maioria das outras coisas na vida, sua abordagem pode fazer toda a diferença em seu desempenho.

O terceiro passo é reconhecer por que os métodos escolares foram desenvolvidos, quais são suas vantagens e o que há com eles que os tornam difíceis de serem aprendidos. Saber por que algo é feito de certo modo nos ajuda a lidar com o problema.

Para apresentar o quarto passo é necessária alguma preparação. Para que os procedimentos gerais aritméticos (ou de outros tópicos) da matemática abstrata sejam universalmente aplicáveis, o que determina sua grande importância, eles precisam ser desvencilhados de todo contexto e ensinados de forma abstrata. Mas, como vimos no capítulo anterior, isso é problemático para um cérebro que evoluiu para processar coisas que surgem em um dado contexto e que têm um sentido. Se o cérebro humano fosse um tipo de dispositivo computacional universal, que trabalhasse melhor aplicando as mesmas ferramentas genéricas para uma variedade de tarefas, então ensinar às pessoas os métodos mais universais seria realmente a abordagem mais eficiente. Mas todas as evidências (um monte delas) apontam para o contrário. O cérebro não parece nada adaptado a adquirir habilidades gerais e universais e depois aplicá-las a determinadas circunstâncias. Ao contrário, sua força parece vir da habilidade para resolver os problemas quando eles surgem na prática, desenvolvendo no trabalho as capacidades e aptidões necessárias. Isso inclui o desenvolvimento de facilidades numéricas ou aritméticas, como vimos no caso dos vendedores ambulantes brasileiros ou do jovem marcador da liga de boliche.

É claro que para aqueles dentre nós que podem lidar com a matemática abstrata e conseguem ver como os procedimentos muito gerais ensinados na escola podem ser usados em muitas circunstâncias diferentes, poderia parecer ineficiente que as pessoas continuassem "reinventando a roda" a cada vez que encontrassem uma nova situação que envolvesse aritmética. Mas não é de forma alguma ineficiente. É o modo natural pelo qual o cérebro opera. (Lembre-se de que ninguém teve que batalhar por anos para ensinar o jovem marcador de boliche a fazer os complicados cálculos que ele utilizava facilmente. Mas seu professor lutou sem sucesso por anos para ensinar a aritmética do primário ao menino.)

Felizmente, se nós temos a necessidade de lidar melhor com a matemática abstrata, o cérebro humano altamente adaptável tem uma característica que pode vir em nosso socorro. E isso nos leva ao quarto e último passo de minha abordagem em quatro etapas: prática. Com repetições suficientes, nossa mente e/ou nosso corpo podem ficar qualificados para realizar praticamente qualquer tarefa nova, seja natação, ciclismo, digitação, compreensão e uso de idioma estrangeiro ou memorização de poesia. Seus avós sabiam disso instintivamente. Hoje em dia podemos fornecer uma explicação científica que não estava disponível naquela época: a aquisição de tais habilidades resulta de desenvolvimento seletivo (isto é, criação e/ou fortalecimento) de várias conexões neurais no cérebro. No caso do aprendizado de matemática abstrata, quando a força dessas conexões começa a se assemelhar à daquelas associadas a objetos conhecidos e concretos do mundo real (e ativadas por eles), então o cérebro começa a experimentar as causas da ativação dessas novas conexões como "reais" ou "concretas". Em outras palavras, para o cérebro humano, a familiaridade cria uma sensação de concretude. E aí nós temos a chave para aprender a lidar com entidades abstratas: torne-se suficientemente familiarizado com elas e elas se tornarão (isto é, parecerão) mais concretas. Nenhuma habilidade particular é exigida para isso. Necessita-se apenas de repetições suficientes.

É evidente que repetir uma dada tarefa ou um conjunto de tarefas pode se tornar tedioso rapidamente, seja aprender a tocar piano ou adicionar frações. Seria bom se existisse outro modo, mas não existe. Nós temos que nos valer do cérebro com o qual nascemos, aquele que evoluiu com nossa espécie. E é só pela repetição que o cérebro consegue aprender uma nova habilidade ou considerar o abstrato como concreto.

Em particular, o modo como o cérebro humano funciona nos dá uma única maneira de ter familiaridade suficiente com os números para nos tornarmos "numericamente letrados": praticar aritmética básica, inclusive pelo menos decimais e frações, até ficar proficiente.

Até onde, em aritmética, você precisa chegar, não é algo claro atualmente e pode variar de pessoa para pessoa. Assim, pedagogos que concordam com minha tese ainda poderiam discordar da necessidade do ensino de determinadas técnicas, como divisão de inteiros, com papel e lápis. Em termos puramente neurofisiológicos, definitivamente mais é melhor. Os fatores limitantes são o tempo e manter a motivação do aluno. Pois não existe escapatória para o fato de que, para a maioria de nós, a repetição aparentemente infinita de uma tarefa rapidamente se torna extremamente chata, em especial durante as fases iniciais, quando parece que não estamos fazendo nenhum progresso. (A familiaridade pode criar não apenas a sensação de concretude, como observei um instante atrás, mas também menosprezo.)

A única alternativa real que conheço a sucumbir ao enfado e desistir é manter sua meta final sempre firme em sua mente. Uma maneira de conseguir é continuar recordando o que eu chamo de "fator uau". Pois, por mais que a repetição seja chata, é realmente uma característica notável do cérebro humano a possibilidade de adquirir uma variedade tão grande de novas habilidades. Como vimos, os seres humanos não são os únicos que nascem com algumas capacidades matemáticas inatas — um instinto matemático. Algumas espécies parecem capazes de adquirir novas aptidões por um processo de treinamento repetitivo. Mas até para os cachorros e gatos que vivem conosco e para os nossos companheiros evolutivamente próximos como os chimpanzés, o alcance dessas novas habilidades é limitado e o período de treinamento é geralmente muito mais longo do que o nosso. Nós, seres humanos, nascemos com o que parece ser uma capacidade verdadeiramente sem igual de adquirir uma quantidade quase ilimitada de novas habilidades. Certamente, fazer uso desse dom precioso sempre que isso for vantajoso é algo que você deve a si próprio.

OUTRAS LEITURAS

Como leitura adicional sobre matemática em geral, aproximadamente no mesmo nível deste livro, há os dois outros livros que escrevi anteriormente, *Life by the Numbers*, publicado pela editora John Wiley em 1998 como complemento oficial da série de televisão em seis capítulos da PBS de mesmo título, da qual fui consultor, e *Mathematics: The Science of Pattern: The Search for Order in Life, Mind and the Universe*, publicado por W. H. Freeman em 1994 na Scientific American Library. Outro trabalho de caráter geral que vale a pena ser visto é o excelente livro *Nature´s Numbers* de Ian Stewart, publicado pela Basic Books em 1995.

Há muitos livros no mercado que descrevem as capacidades mentais de animais. Entre eles, em minha própria estante estão *Wild Minds: What Animals Really Think* de Marc Hauser, publicado por Henry Holt em 2000; *Animal Minds: Beyond Cognition to Consciousness* de Donald Griffin, publicado pela Universidade de Chicago em 1992 (edição revisada, 2001); e *Apes, Language, and the Human Mind* escrito por Sue Savage-Rumbaugh, Stuart G. Shanker e Talbot J. Taylor, publicado pela Oxford University Press em 1998.

Para uma cobertura excelente de grande parte do trabalho recente sobre como a mente humana aprende e lida com aritmética, veja *The Number Sense: How the Mind Creates Mathematics*, de Stanislas Dehaene, publicado primeiramente pela Oxford University Press em 1997, e *The Mathematical Brain* de Brian Butterworth, lançado no Reino Unido pela Macmillan em 1999 e subseqüentemente publicado nos Estados Unidos pela Free Press sob o novo título *What Counts: How Every Brain is Hardwired for Math*.

Meu livro anterior, *O gene da matemática*, citado várias vezes ao longo desta obra, foi lançado pela Basic Books em 2000 e, no Brasil, em 2004 pela Editora Record.

Para um estudo bastante abrangente sobre como as pessoas tendem a ter baixo desempenho ao lidar com números, veja o bestseller de John Allen Paulos, *Innumeracy: Mathematical Illiteracy and Its Consequences*, publicado primeiramente pela Hill and Wang em 1988.

Para leitura adicional sobre o material do Capítulo 6, veja o livro de Mario Levy, *The Golden Ratio: The Story of Phi, the Extraordinary Number of Nature, Art, and Beauty*, publicado pela Review em 2002.

Minha principal fonte para o material sobre a visão no Capítulo 8 foi o livro de Steven Pinker, *How the Mind Works*, publicado inicialmente pela W. W. Norton & Co. em 1997.

Retirei boa parte de meu material sobre matemática de rua (Capítulo 10) do livro *Street Mathematics and School Mathematics* de Terezinha Nunes, Analucia Dias Schliemann e David William Carraher, publicado pela Cambridge University Press em 1993. Este livro é mais direcionado a professores do que ao público geral.

OUTRAS LEITURAS

O livro ao qual me refiro no Capítulo 13, *Where Mathematics Comes From: How the Embodied Mind Brings Mathematics into Being*, de George Lakoff e Rafael Núñez, que pode ser considerado uma seqüência para *O gene da matemática* (embora não tenha sido escrito como tal), foi primeiramente publicado pela Basic Books em 2000.

ÍNDICE

abacaxi, 104
abelhas
  colméias criadas por, 73-9
  danças das, 79-81
  determinação de distância por, 80-4
  navegação pelas, 56
  obtenção de alimento pelas, 79-84
Adams, Douglas, 31
adição
  compreensão dos bebês da, 13-5
  de frações, 191-2, 226-9
  procedimento de, 214-5
  ver também aritmética
Adult Math Project (AMP), 178-93
Ahmed (formiga), 42-6
Ali (chimpanzé), 161-2
Amdahl, Kenn, 30-1
Ames, Adelbert, Jr., 141
andorinha-de-bando, 50
andorinhas-do-mar-ártico, 50
animais
  aritmética feita por, 151-63
  habilidades matemáticas de, 23-33, 38-42
  ver também animais específicos

Antell, Sue Ellen, 16, 18-9
aritmética
  atividade cerebral durante a, 201-2, 223-4
  binária, 214
  compreensão dos bebês de, 13-5
  contar nos dedos e, 200-3
  ensinada na escola e aprendida na rua, 165-77, 233-42
  escrita e mental, 173-7
  faculdades lingüísticas e, 222-6
  feita por animais, 151-63
  notação arábica e, 214-5
  origens da, 36
  padrões de linguagem e, 229-32
  problemas de aprendizagem devidos à falta de significado, 234-42
  regras de transformação em, 192-3
arquitetos
  abelhas como, 73-9
  aranhas como, 86-91
  castores como, 84-6
arredondamento, 184
astronautas, 44, 46

atividade cerebral, durante a aritmética, 201-2, 223-4
áurea, razão, 106-13
auto-estereogramas, 138-40
automóveis, 119
aves
  habilidades numéricas de, 154-6
  migração de, 49-56
  vôo das, 124-7
aviões, 125-6
azulão, 53

babilônios, 214
baleias, 57
baratas, 118, 121-2
base 10, sistema numérico de, 214
base 12, sistema numérico de, 214
bases de sistemas numéricos, 214
Bebês
  desenvolvimento da visão em, 137-8
  expectativas de, 12
  habilidades matemáticas de, 9-21, 151
  percepção de número de, 10-1, 15-7
beisebol, jogadores de, 28
Benjamin, Arthur, 230-1
besouros, 52-3
Bijeljac, Ranka, 17-8
binária, aritmética, 214
binocular, paralaxe, 134-5
bola, problema de buscar a, 23-9
Boles, Larry, 48-9, 48n
bom senso, matemática como abstração e formalização do, 251-2
borboletas monarcas, 57-9
Botticelli, 110

Boyson, Sarah, 162
Burns, J. E., 82, 82n
Butterworth, Brian, 216, 216n

cachorros, habilidades matemáticas de, 23-9
cálculo de posição, 43-7
Cálculo
  invenção do, 36-7
  percepção dos cachorros de, 23-7
  percepção dos gatos de, 29-33
  Calculus for Cats (Loats e Amdahl), 30-1
caminhada, 47, 123-4
campo magnético, da Terra, 48-9, 53-7, 59
Carraher, David William, 166, 238
castores, represas feitas por, 85-6
cavalos, locomoção dos, 122-3
cérebro humano
  desenvolvimento de habilidades numéricas pelo, 245-6
  interpretação de movimento pelo, 142-3
  processo da visão e, 129-34
  reconhecimento de padrões pelo, 218, 221
cérebro. *Ver* cérebro humano
CF-FM (freqüência constante – freqüência modulada), 68
chimpanzés, habilidades numéricas de, 159-63
chinês, nome dos números em, 224-6
circadiano, relógio, 58-9
circuito dos números, 250
cisne-bravo, 50
cognição matemática, 251n
computadores

ÍNDICE

lógica formal e, 37
reconhecimento de padrões por, 219-20
coníferas, 104
Conjectura do Favo de Mel, 74-5
construção, 73-91
  de colméias de abelhas, 73-9
  de represas por castor, 84-6
  de teias de aranha, 86-91
consumidores em supermercado, habilidades matemáticas dos, 178-93
contagem, 198-203, 247
  por crianças, 198-200
  por povos primitivos, 200
  usando números abstratos, 203-8, 248-50
  usando os dedos, 200-3
corrida, 123-4
corujas, 69-72
Couder, Yves, 112
crianças
  contagem por, 198-200
  pequenas, habilidades matemáticas, 9-21
  ver também bebês
crianças. Ver bebês

da Vinci, Leonardo, 110
Dalí, Salvador, 110
decimais, 191-2
dedos, contagem nos, 200-3
Dehaene, Stanislas, 220, 222
deserto, habilidades navegacionais das formigas do, 43-7
dígito, 201
distância
  determinação de, por abelhas, 80-4
  ver também navegação
  visão e determinação, 131-3

divergência, em plantas, 105-6
divisão
  de frações, 191-2
  dificuldades com, 190-1
  ver também aritmética
Doppler, efeito, 67-8
Douady, Stéphane, 112

ecolocalização, 64-8
educação matemática
  em diversas culturas, 223-6
  ineficiência da, 194-5
  ver também matemática escolar
Elvis (cachorro), 23-8
enigmas com palavras, 229-30
equações diferenciais parciais, 96n
equilíbrio, controle do, 123
Esch, H. E., 82, 82n
espirais, 90-1, 100-1, 104-5
espiral logarítmica, 100-1
esquerda para a direita, cálculo da, 184
estéreo, visão, 135-8
estereogramas, 134-6
estimativa, 184
estrelas, navegação pelas, 53-6
Euclides, 109
evolução, 41, 47, 244-6

falcões-peregrinos, 100-1
falcões, 101
favos de mel, 74-9
Fermat, Pierre de, 37
fi (?), 106-13
Fibonacci, seqüência de
  definição, 102-3
  na natureza, 103-6, 112-3
  proporção áurea e, 112-3

flores
    números de Fibonacci e, 103-4, 112-3
    razão áurea e, 110-3
Folhas
    números de Fibonacci e, 104-6
    razão áurea e, 110-3
Ford, Wendy, 236
formigas do deserto tunisiano, 43-7
formigas, habilidades de navegação das, 43-7
fotografias, percepção de profundidade em, 134
frações contínuas, 112n
frações, 112, 191-2, 210, 226-9
"função linear por partes", 80
fuselo, 50

Galilei, Galileu, 38
ganso-do-índico, 50
gatos
    habilidades matemáticas de, 29-33
    habilidades navegacionais de, 31-2
    queda de, 32
gene da matemática, O (Devlin), 21, 246-8, 246n
geometria sólida, 143
geometria, 36
    da coloração da pele dos animais, 94-8
    sólida, 143
Gerstmann, síndrome de, 202
girassóis, 104
gregos
    razão áurea e, 106, 109
    sistema de numeração dos, 211-2
Gris, Juan, 110
grou americano, 50

grou do Canadá, 50
Guevrekian, Laurence, 153
guia do mochileiro das galáxias, O (Adams), 31

habilidades matemáticas
    de consumidores em supermercados, 178-93
    de vendedores de rua, 165-77
    em diversas culturas, 223-6
    ensinadas na escola e aprendidas na escola, 165-77, 233-42
    maneiras de aperfeiçoá-las, 253-6
    ver também habilidades numéricas
habilidades numéricas
    aquisição de linguagem e, 247-8
    contagem nos dedos e, 200-3
    de animais, 151-63
    de aves, 154-6
    de chimpanzés, 159-63
    de leões, 156-7
    de ratos, 151-4
    em seres humanos e animais, 197-8
habilidades para navegação,
    de animais marinhos, 56-7
    de aves, 49-56
    de borboletas monarcas, 57-9
    de corujas, 69-72
    de formigas, 43-7
    de gatos, 31-2
    de lagostas, 47-9
    de morcegos, 64-9
Hales, Thomas, 75, 78
Hans (cavalo), 157-9
helicópteros, 125
Henik, Avishai, 208
Herndon, James, 171-2
hexágonos, 73-8

ÍNDICE

Homem Vitruviano (da Vinci), 110
homem
   contagem pelo, 198-203
   habilidades matemáticas abstratas
      do, 245-8
   habilidades matemáticas do, 162-32
   habilidades matemáticas naturais do,
      41-2, 163
   navegação pelo, 60
How the Mind Works (Pinker), 129n
How to Survive in Your Native Land
   (Herndon), 171

identificação de objetos, 144-8
indo-arábico, sistema de numeração,
   210-5
Innumeracy (Paulos), 20
insetos, vôo dos, 126-7
interferência de padrão, 221

Keating, Daniel, 16, 18-9
Kepler, Johannes, 103
Klein, Wim, 232
Koechlin, Etienne, 14
Koehler, Otto, 154-5, 157
Kuhn, Deanna, 189-90

lagostas, 47-9
Lakoff, George, 248-52, 259
Lave, Jean, 178-80, 183, 184, 187
Leibniz, Gottfried, 25, 36-7
leões, habilidades numéricas de, 156-
   157
Leonardo de Pisa, 102
leopardo, manchas do, 94-8
Liber abaci (Fibonacci), 102, 102n
linguagem escrita, 206-7
linguagem simbólica, 206-7

linguagem
   aquisição de, 247-8
   diferenças de, e habilidades matemá-
      ticas, 223-6
   escrita, 206-7
   padrões de, e aritmética, 217-24,
      229-32
   sistemas de numeração como, 209-
      14
   tabuadas de multiplicação e, 217-22
listras dos tigres, 94-8
Loats, Jim, 30-1
locomoção, 115-27
   automotiva, 119
   caminhada e corrida, 123-4
   controle de equilíbrio e, 122-3
   de peixes, 124-5
   de robô, 117, 120-1
   diversos tipos de, 123
   sistema músculo-esquelético e, 118-
      23
   vôo, 124-7
lógica formal, 37
Lohmann, Ken, 48, 48n
lua
   ilusão de tamanho da, 142
   orientação pela, 52-3
luz, polarização da, 55-6, 137

magnetita, 49
matemática abstrata
   aquisição de linguagem e, 247-8
   aquisição de, 245-8
   e matemática natural, 243-5
   melhorar habilidades com, 253-6
   processo de aprendizagem, 248-52
   ver também matemática escolar
matemática da escola, 42

dificuldade de, 191-3
e matemática de rua, 165-77, 233-42
falta de significado da, 237-42
fracasso em, 184-8, 194-5
melhorando habilidades em, 253-6
natureza simbólica de, 234-5
respostas absurdas na, 236-40
matemática de rua, 165-77, 233-4
 e matemática da escola, 233-42
 significado por trás da, 240-2
 usada nas compras, 178-93
matemática natural
 bebês e, 9-21
 matemática abstrata e, 243-5
 por animais, 23-33, 38-42
matemática
 abstrata e natural, 243-5
 como ciência dos padrões, 36, 38, 40
 como senso comum, 251-2
 da locomoção, 116-8, 122-3
 definição, 35-8
 efetuada por animais, 149-63
 escolar e de rua, 165-77
 feita pela natureza, 40-1
 processos computacionais como, 39-40
 símbolos e, 37-8
 uso diário da, 178-95
 ver também aritmética; matemática da escola; matemática da rua
 visão popular da, 35
Matsuzawa, Tetsuro, 161
McComb, Karen, 156
Mechner, Francis, 152-4
melanina, 95-6
memória associativa, 221
migração, 49-60
 de aves, 46-56

de borboletas monarcas, 57-9
do animais marinhos, 56-7
ver também navegação
Miller, Kevin, 225
moedas, 240
morcego-de-bigode, 66-8
morcegos, 60-9
 de-bigode, 66-8
 fatos sobre, 61-4
 sistema de sonar dos, 62-9
movimento ascendente, 127
movimento
 interpretação pelo cérebro de, 143
 leis de Newton para o, 124-6
 princípios do, 117-8
 ver também locomoção
multiplicação, tabuadas de, 215-24
Murray, James, 94-8, 98n
música, 37

nascimento de vênus, O (Botticelli), 110
natureza, como matemática, 40-1
náutilo, conchas de, 98-102
Newton, Isaac, 25, 36-7, 85-6, 117-8, 124-6
nomes dos números (percepção dos números), 11
 e símbolos para números, 215-6
 em chinês, 224-6
 em diferentes culturas, 223-6
notação de tempo, 214
notação matemática, 37
Number Sense, The (Dehaene), 220
número, aprendizagem do conceito, 11
números abstratos, 203-9
números negativos, 210

ÍNDICE

números
    abstratos, 203-9
    negativos, 210
    significados dos, 231-2
    números, símbolos para, 198
    e nomes dos números, 215-6
    natureza inveterada dos, 208-10
    ver também números abstratos
numerosidade. Ver percepção de número
Nunes, Terezinha, 165, 167, 170, 172-3, 178, 233, 238-9
Nuñez, Rafael, 248-52, 259

Ohm, Martin, 109
olhos, 129-30, 132-3
    ver também visão
orientação
    humana, 60
    migração e, 49-60
    pela luz da lua, 52-3
    pelas estrelas, 53-4
    por cálculo de posição, 43-7
    por Sistema de Posicionamento Global (GPS), 44, 48
    por sonar, 64-9
    usando luz polarizada, 55-6
    usando o campo magnético da Terra, 48-9, 53-7
    usando o sol, 51-2, 58-9
ótica, ilusões de, 133-43
ótico, fluxo, 81, 83

Pacioli, Luca, 109
padrões de pele, 94-8
padrões de peles de animais, 94-8
padrões lingüísticos, 217-24, 229-32

padrões
    como base da matemática, 36-40
    das conchas do náutilo, 98-100
    em peles de animais, 94-8
    em plantas, 101-13
    espiral logarítmica, 100-1
    lingüísticos, 217-24, 229-32
Pappus, 74
Parthenon, 109
Pascal, Blaise, 37
pato selvagem, 50
Paulos, John Allen, 20
peixes, locomoção dos, 124
Pennings, Tim, 23-7, 29, 33
Pepperberg, Irene, 155
percepção de números
    abstratos, 19-20
    em adultos, 19
    por crianças pequenas, 11-2
percepção de profundidade, 130, 134, 143-4
percepção por sonar, 64-9
Pfungst, Oskar, 158-9
Pinker, Steven, 129n
pinturas, percepção de profundidade em, 134
plantas
    habilidades matemáticas de, 40-1
    números de Fibonacci e, 104-6, 112-3
    padrões das, 101-13
    razão áurea e, 110-3
polarizada, luz, 55-6, 137
polígonos regulares, 76
Pólo Norte, determinando a direção do, 51-4
pombo-correio, 53
preços unitários, 181-2

preços, comparações de, 181-4
Premack, David, 159
proporções, 182

rabo-de-junco-preto, 50
ratos, habilidades numéricas de, 151-4
recém-nascidos. *Ver* bebês
reconhecimento de padrão, 218-21, 227-30
referenciais, 145-8
repetições, 254-6
Reppert, Steven M., 58, 58n
represas, castor, 84-6
Resnick, Lauren, 236
robô, locomoção de, 117, 120-1
rola-bosta, 52, 59
romanos, numerais, 211

salas tortas, 141-2
salmões, migração, 56-7
Schliemann, Analucia Dias, 166, 166n, 238
Schmandt-Besserat, Denise, 204-5
seleção natural
　evolução e, 47
　habilidade matemática inata e, 27, 29, 47, 244
Sérusier, Paul 110
Severini, Gino, 110
Sheba (chimpanzé), 162
símbolos numéricos, 198, 208-10, 215-6
Simon, Tony, 14-5
sistema de números
　arábico, 210-5
　grego, 211-2
　romano, 211

Sistema de Posicionamento Global (GPS), 44, 48
sistema músculo-esquelético, 118-23
sistema numérico arábico, 210-5
sol, orientação pelo, 51-2, 56, 58-9
Srinivasan, M. V., 43, 45, 82
Starkey, Prentice de, 16, 19-20
Stumpf, Carl, 158
subtração
　compreensão dos bebês de, 13-4
　decimais e, 191
　de frações, 191-2
　ver também aritmética
sumérios, 205-7

tartarugas-marinhas, 57, 59
Taylor, Orley "Chip", 59
teias de aranha, 86-91
teoria da probabilidade, 37
Terra, campo magnético da, 48-9, 53-7
testes de matemática, 184-90, 193-4
tordo, 55
Toth, L. Fejes, 76-7
transações financeiras, 240-1
3D, cinema, 137
triangulação, 71-2
tribo vedda, 200
trigonometria, 36, 73
　tridimensional, 143
　visão e, 132
Tyler, Christopher, 138
Tzelgov, Joseph, 208

vendedores de feira brasileiros, habilidades matemáticas dos, 165-77
ViewMaster, 135-6

visão, 129-48
   binocular, 130
   determinação de distância e, 131-3
   e ecolocalização, 64-5
   estéreo, 135-8
   fluxo ótico e, 81-3
   identificação de objetos e, 144-8
   ilusões de ótica e, 134-43
   matemática inata da, 28-9
   percepção de profundidade e, 130, 134, 143-4
   processo da, 129-33
   referenciais e, 145-8

von Frisch, K., 79n, 81
von Osten, Wilhelm, 157-9
vôo, 124-7

Warlpiris, tribo, 200
Wehner, R., 43, 45, 45n
Wheatstone, Charles, 134-6
Where Mathematics Comes From (Lakoff e Nufiez), 248, 259
Woodruff, Guy, 159
Wynn, Karen, 9-16

Este livro foi composto na tipologia
Classical Garamond BT, em corpo 11,5/17, e impresso
em papel off-white 80g/m², no Sistema Digital Instant
Duplex da Divisão Gráfica da Distribuidora Record.